畜禽高效养殖全彩图解+视频示范丛书

高效养猪

全彩图解+视频示范

曹日亮　主编

胡广英　刘华栋　副主编

化学工业出版社

·北京·

内容简介

本书针对养猪市场、国家的相关政策、科学养猪技术三个关键方面进行了详细阐述，让读者全面认识和掌握猪的饲养管理技术和疾病防治方法，从而提高养殖效益。本书将复杂的养猪技术通过通俗易懂的语言进行介绍，并附以插图和技术视频，可供养猪技术人员和相关人员参考。

图书在版编目（CIP）数据

高效养猪全彩图解＋视频示范／曹日亮主编． —北京：化学工业出版社，2022.6

（畜禽高效养殖全彩图解＋视频示范丛书）

ISBN 978-7-122-41065-8

Ⅰ.①高… Ⅱ.①曹… Ⅲ.①养猪学-图解 Ⅳ.①S828-64

中国版本图书馆CIP数据核字（2022）第049542号

责任编辑：漆艳萍　　　　　　　　　　装帧设计：韩　飞
责任校对：刘曦阳

出版发行：化学工业出版社
　　　　　（北京市东城区青年湖南街13号　邮政编码100011）
印　　装：盛大（天津）印刷有限公司
880mm×1230mm　1/32　印张9$\frac{1}{2}$　字数249千字
2022年8月北京第1版第1次印刷

购书咨询：010-64518888　　　　　　售后服务：010-64518899
网　　址：http://www.cip.com.cn
凡购买本书，如有缺损质量问题，本社销售中心负责调换。

定　　价：59.80元　　　　　　　　　　版权所有　违者必究

编写人员名单

主　　编　曹日亮

副 主 编　胡广英　刘华栋

参　　编　曹暄雅　范鹏程　陈　震

　　　　　杨　友　王栋才

PREFACE 前言

　　随着养猪业的不断发展，养猪规模不断扩大的同时养猪模式也出现了一些变化，由原来的一家一户的散养逐渐向规模化和集约化发展。在这个过程中，有成功也有失败，成败虽然看似具有偶然性，但确有必然性。对养猪业的了解程度、对养猪技术的掌握和养猪理念的认识，每一个环节均有可能影响养殖的成败，因此在猪的养殖过程中，不仅要做到宏观把控，还要细致入微，才能够有成功的把握。猪作为养殖业中的一种重要的经济型动物，猪场的选址和猪舍的设计有其特殊性，猪在不同生长发育阶段到育肥阶段均有不同的养殖要求，公猪和母猪的饲养也具有很大的差异性。本书正是针对猪的养殖中的三个关键方面进行研究和阐述，希望读者通过对本书的研读可以对猪的养殖形成全面的认识，总体把控市场和详细解读国家政策是养猪的前提，在这个基础上掌握和运用饲养管理技术和疫病防控方法。

　　本书以猪的市场分析为开始，对世界养猪市场和我国的养猪市场进行分析，着重对养猪盈亏水平进行分析和探讨，只有顺应并把握市场规律，才能够在养猪中获得最大的经济效益。否则即使对养猪技术掌握得再好，对疾病防控技术把控得再精确，也难以在养猪中获得经济效益。而后在对国家相关政策进行研究的基础上进行猪场进行选址和猪舍的设计。通过对猪品种的介绍，因地制宜地选择适合当地养殖的猪的品种，结合养殖场的目标和思路，科学选择养殖猪种。本书详述了养猪的繁殖技术和饲养管理技术，通过文字、图片与重点技术视频讲解相结合的方式，将养猪过程中每一个关键性的技术进行讲解，让读者可以掌握并将技术应用于实践中，实现科学高效养殖。最后介绍了猪病的防控，按照总体防控和各自防治的方法控制传染性疾病；通过猪场的消毒、免疫和生物安全进行总体控制；对养殖过程中常见的病毒性疾病和细菌性疾病进行分别讲解，着重分析每种疾病症状、诊断方法和防治措施。

　　本书编写人员为高校专家和从事猪的饲养管理的专业人员。本书编写过程中参考了一些国内外资料以及一些专业书籍和论文。由于编者水平有限，书中难免会有不当之处，敬请广大读者批评指正。

编者

2022年6月

CONTENTS 目录

第二章 | 猪场建设 ·······32

第一章

养猪业市场分析

第一节
世界养猪业市场现状

一、世界能繁母猪存栏情况

猪的历史要追溯到四千万年前，养猪的历史要追溯到新石器时代早、中期，猪从远古的祭品、封建社会的积肥和致富以及到现在演变为人类的"产肉的机器"。目前，猪肉是世界最为普遍的肉食品之一，养猪业是畜牧业中最主要的产业之一。

1.世界能繁母猪存栏量

从图1-1可以看出，世界能繁母猪的头数逐年呈下降趋势。一方面说明了世界母猪的生产力PSY（每年每头母猪提供断奶仔猪头数）、MSY（每年每头母猪提供出栏育肥猪头数）逐年提高，另一方面说明了从2018年起全球养猪业深受非洲猪瘟的影响，尤其是我国深受其害。2019年12月底全国能繁母猪存栏量相对于非洲猪瘟初期平均降幅为49.33%。

2.世界超级母猪企业的兴起

随着工厂化养猪企业的发展及资本化的集中，养猪规模越来

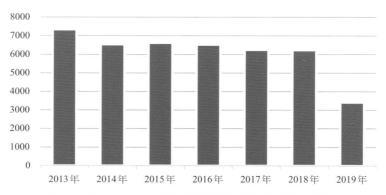

图1-1　2013—2019年世界能繁母猪存栏量（单位：万头）

越大，世界超级母猪企业迅速发展，2019全球养猪企业实力榜数据显示：全球31家10万头以上的母猪生产企业中，中国占了11家，其中4家位列前十。2020年全球10万头以上的母猪生产企业变为34家，上榜企业的母猪数量共计1156.12万头，比上年增加221.5万头。

　　下面是入榜的全球养猪企业母猪存栏排行：2020年全球母猪存栏量在10万头以上的企业有34家，比2019年多3家，其中新进榜单有6家，退出榜单有3家。这34家企业来自9个国家，中国和美国的企业数量最多，分别有12家和10家企业上榜，母猪总数量分别为592.22万头和349.75万头（表1-1）。

表1-1　2020年全球10万头母猪企业榜单

企业名称	国家	2019年		2020年		相对2019年变化	
		母猪数量/万头	排名	母猪数量/万头	排名	增减数量/万头	排名变化
温氏	中国	120	2	130	1	10	1
牧原	中国	68	4	128.32	2	60.32	2
Smithfield Foods	美国	124.1	1	124.1	3	0	-2
正大集团	中国	80	3	115	4	35	-1
新希望	中国	16	21	50	5	34	16
正邦集团	中国	40	6	50	6	10	0
Triumph Foods	美国	48.72	5	49.2	7	0.48	-2
BRF	巴西	40	7	38.85	8	-1.15	-1

企业名称	国家	2019年		2020年		相对2019年变化	
		母猪数量/万头	排名	母猪数量/万头	排名	增减数量/万头	排名变化
Pipestone Veterinary Services	美国	25.1	10	38.5	9	13.4	1
Seaboard Food	美国	34	8	34.5	10	0.5	−2
中粮	中国	18	18	25	11	7	7
Cooperl	法国	25.1	9	24.5	12	−0.6	−3
Lowa Selece Farms	美国	24.25	11	24.25	13	0	−2
Seara Foods	巴西	—	—	21.3	14	新进	
Vall Componys Group	西班牙	21.3	12	21.3	15	0	−3
天邦	中国	20	14	20	16	0	−2
双胞胎	中国	—	—	20	17	新进	
The Mascbboffs	中国	19.6	15	18.6	18	−1	−3
Garthage System	美国	18	19	18.5	19	0.5	0
Aurora Alimentos Coop	美国	18.6	16	18	20	−0.6	−4
Prestage Farms	巴西	18.5	17	18	21	−0.5	−4
JBS-USA	美国	16.75	20	16.8	22	0.05	−2
Miratorg	俄罗斯	13.8	24	15	23	1.2	1
扬翔	中国	10	31	15	24	5	7
AMVC Managernment Service	美国	14.3	23	14.9	25	0.6	−2
Agrosuper	智利	15	22	14	26	−1	−4
Betagro Group	泰国	12	26	13	27	1	−1
Costa Food Group	西班牙	12	25	13	28	1	−3
Rusagro	俄罗斯	10.4	29	12.6	29	2.2	0
Frimesa Coop	巴西	—	—	12	30	新进	
Clemens Food Group	美国	—	—	11	31	新进	
Olymel	加拿大	10.6	27	10.6	32	0	−5
大北农	中国	—	—	10.3	33	新进	
德康	中国	—	—	10	34	新进	
雏鹰农牧	中国	20	13	—	—	退出	
襄大集团	中国	10.5	28	—	—	退出	
Maxwell Farms	美国	10	30	—	—	退出	

中国：12家企业进入榜单，比上年多1家，其中双胞胎、大北农和德康3家企业为新进企业，雏鹰和襄大退出榜单；母猪数量共

592.22万头，占入榜企业母猪总量的51.22%，比上年多170.12万头母猪。

其中，牧原2020年母猪存栏增加60多万头，排名从第4名上升至第2名；新希望2020年母猪存栏增加34万头，比上年增加2倍多，排名从第21名上升至第5名；正大2020年母猪存栏增加35万头，排名从第3名下降至第4名。

美国：10家企业进入榜单，和上年数量一样，其中Clemens Food Group为新进企业，Maxwell Farms退出榜单，母猪数量共计349.75万头，占入榜企业母猪总量的30.25%，比上年多15.93万头母猪。

值得注意的是，Smithfield Foods称不再公开公布其生产数据，此次是使用了2019年的报告数据。

巴西：4家企业进入榜单，比上年多2家，其中，Seara Foods和Frimesa Coop为新进企业，母猪数量共计90.15万头，占入榜企业母猪总量的7.8%，比上年多31.65万头母猪。

西班牙和俄罗斯各2家企业进入榜单，法国、智利、泰国和加拿大各1家企业进入榜单。

关税、贸易和非洲猪瘟，是2019年养猪业的不确定性。对于2020年来说，还增加新冠肺炎疫情这一项，这四个因素叠加，对全球养猪业产生了重大影响。

二、世界生猪存栏和出栏情况

1.全球生猪产量大幅下降

根据美国农业部的数据显示，2019年全球生猪产量为10.4亿头，降至自2013年以来的最低水平，较2018年同比下降18.11%。中国是全球猪肉产量和消费量最高的国家，2018年非洲猪瘟导致中国生猪产量大幅下降（图1-2）。

2.中国生猪市场份额连续5年下降

从存栏量来看，2019年初全球生猪存栏量为7.67亿头，较2018年同比下降1.79%（图1-3）。其中，中国的存栏量占到了全球的

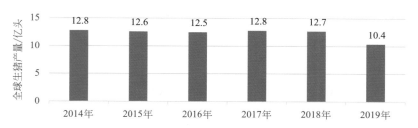

图1-2　2014—2019年全球生猪产量情况统计

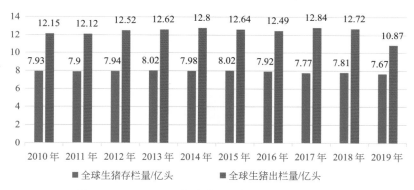

■全球生猪存栏量/亿头　　■全球生猪出栏量/亿头

图1-3　2010—2019年全球生猪存栏、出栏情况统计

55.78%，自2014年后连续5年下降。欧盟和美国生猪存栏量占全球的比重分别为19.32%和9.76%，占比较2018年均有所下降（图1-4）。

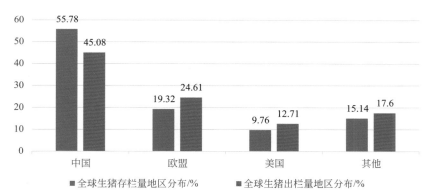

■全球生猪存栏量地区分布/%　　■全球生猪出栏量地区分布/%

图1-4　2019年全球生猪存栏、出栏地区分布情况

　　从出栏量来看，2019年全球生猪出栏量为10.87亿头，较2018年同比下降14.54%，其中，中国生猪出栏量占全球的比重为45.08%，

较2018年下降了8.8%。欧盟和美国生猪出栏量市场份额较2018年有显著提升，占比分别为24.61%和12.71%。

三、世界猪肉产量及进出口情况

1. 全球消费量最大的蛋白质品类（图1-5）

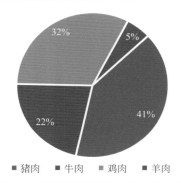

■ 猪肉　■ 牛肉　■ 鸡肉　■ 羊肉

图1-5　全球消费量最大的蛋白质品类

2. 全球猪肉主要生产国

就目前而言，猪肉仍然是全球最主要的肉类产销品种。根据美国农业部的统计，2018年全球猪肉产量约为1.13亿吨（图1-6）。近年来全球猪肉产量呈现缓慢增长的态势，2008—2018年复合年度增长率仅为1.43%（图1-7）。

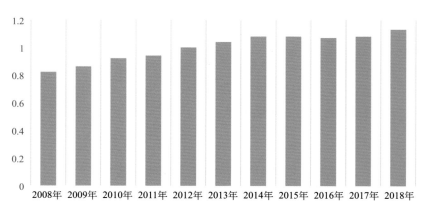

图1-6　2008—2018年全球猪肉产量（单位：亿吨）

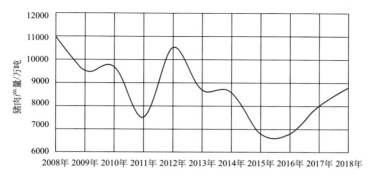

图1-7　2008—2018年全球猪肉同比增速

　　从地域分布来看，全球生猪与猪肉生产主要来自中国、欧盟、美国三大国家和地区，地域集中度较高（图1-8）。2018年中国猪肉产量为5415万吨，在全球产量中所占的比重为48%，稳居全球猪肉生产的霸主地位；欧盟和美国猪肉产量分别为2410万吨、1199万吨，在全球总产量中所占的比重分别为21%、11%。

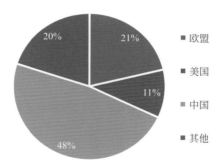

图1-8　2018年全球猪肉产量区域分布

3.全球猪肉主要消费国

　　全球猪肉供需基本维持平衡格局，2018年猪肉消费量为1.12亿吨。人均消费方面，21世纪以来全球猪肉年人均消费量维持缓慢上升的态势，2018年约为14.8千克/人（图1-9）。分地域来看，欧盟地区人均猪肉消费量为40.9千克/人，居于全球首位；主要受消费习惯影响，中国大陆和中国台湾人均猪肉消费量分别为40千克/人、39.5千克/人；美国人均猪肉消费量为29.8千克/人（图1-10）。

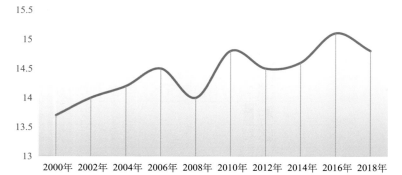

图1-9　2000—2018年全球猪肉人均消费量（单位：千克/人）

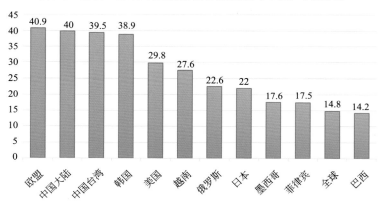

图1-10　2018年全球部分国家和地区人均猪肉消费量（单位：千克/人）

4.全球猪肉进出口情况

全球猪肉贸易量稳步增长，主要从欧美流向亚洲地区，随着全球猪肉消费量的增加，近年来全球猪肉进出口也呈现稳步增长态势。2018年全球猪肉进口量和出口量分别可达810万吨和854万吨，同比增速分别约为2.7%、2.9%；美国农业部预测2019年全球猪肉进口量和出口量分别可达840万吨和879万吨，同比增速分别约为3.6%、3.0%（图1-11）。

从全球猪肉贸易流向来看，主要从欧美发达国家和地区向亚洲各国进行流动（图1-12）。具体而言，2018年全球前三大猪肉出口国（地区）分别为欧盟、美国和加拿大，合计占比约为84%，可见

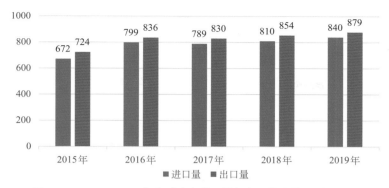

图1-11　2015—2019年全球猪肉进口量与出口量（单位：万吨）

全球猪肉出口主要来源于北半球的发达国家与地区；2018年全球前三大猪肉进口国（地区）分别为中国大陆、日本和墨西哥，合计占比约为56%，以亚洲国家（地区）为主（图1-13）。

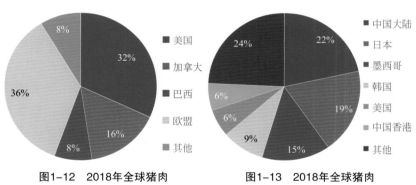

图1-12　2018年全球猪肉
出口量区域分布

图1-13　2018年全球猪肉
进口量区域分布

第二节

我国养猪业市场现状

一、我国能繁母猪存栏情况

能繁母猪是指产过一胎仔猪、能够继续正常繁殖的母猪，也就是正常产过仔的母猪，不包括后备母猪。基本标准为体重达到成年猪体重的70%以上。

《畜牧业统计调查制度》中明确：能繁母猪指达到生殖年龄而专门留作繁殖用的母猪，一般指8月龄以上的繁殖用母猪。

1. 1981—2014年中国能繁母猪存栏数

从图1-14可知，2012年以前，从整体水平看，我国能繁母猪存栏数呈增长的趋势，从2000年开始，能繁母猪数量上有一个新的飞跃，达3954万头。2000年后出现了两个拐点分别是2006年和2010年。2006年猪无名高热综合征席卷全国，导致能繁母猪2006年锐减。从2005年的4893万头下降到2007年的4233万头，波动幅度较大。2009年上半年暴发了全球性甲流H1N1，2009年能繁母猪总体市场反应滞后，于2010年存栏量下降至4750万头，降低了160万头。此后持续上涨至2013年的历史最高值5043万头，此后由于生猪养殖的持续亏损，能繁母猪存栏量持续下降，至2014年下降至4362万头左右。连续两年多的养殖亏损，2015年新的养殖环保政策实施，2014年末生猪/母猪淘汰情况加快，最终导致了2015年国内母猪存栏量偏少，但我们也需要看到大量母猪淘汰主要集中在中小散户，中小养殖户繁育条件较差，繁育品种性能偏低。新进及扩建的繁育场主要以大型养殖场为主，有利于提升繁育水平，农业农村部相关统计数据显示，2015年母猪繁育效率提升了6%左右，

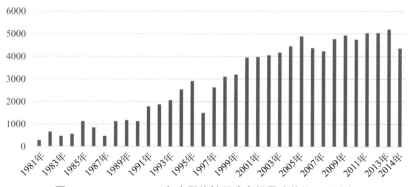

图1-14　1981—2014年中国能繁母猪存栏量（单位：万头）

高效养猪全彩图解＋视频示范

实际情况可能更高。

2. 2015—2017年中国能繁母猪存栏量

从图1-15可知，由于大量产业资本及社会资本涌入生猪养殖行业，种猪进口量明显增加，能繁母猪存栏量持续增加，最终导致2013—2015年一季度生猪养殖整体亏损。2015年3月生猪价格企稳回升，能繁母猪存栏量下降幅度逐步收窄，2015年年末实现正增长。农业农村部公布的全国4000个监测点的月度能繁母猪存栏数据显示，截至2015年12月底，能繁母猪存栏量比上年同期减少了13.2%，繁育效率提升一定程度上抵减能繁母猪数量减少对后期可供出栏大猪数量的影响。

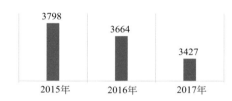

图1-15 2015—2017年我国能繁母猪存栏量（单位：万头）

3. 2017—2019年中国能繁母猪存栏量

从图1-16可知，受非洲猪瘟疫情的冲击，我国生猪养殖行业产能下滑，2019年12月底全国能繁母猪存栏量相对非洲猪瘟初期平均降幅为49.33%。

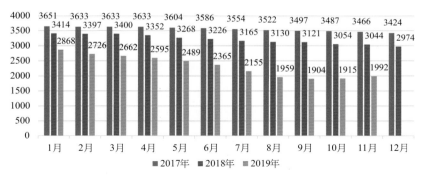

图1-16 2017—2019年中国能繁母猪存栏量（单位：万头）

4. 2020年中国能繁母猪存栏量

2020年6月末全国能繁母猪存栏同比首次由负转正，比上年底增加549万头，已恢复到2017年年末的81.2%；2020年12月份，全国能繁母猪存栏量连续15个月环比增长，据国家统计局数据，2020年12月末恢复到2017年年末的93.1%。

二、我国近年生猪存栏和出栏情况

1. 生猪存栏量

我国生猪存栏量一直位居世界首位（图1-17）。

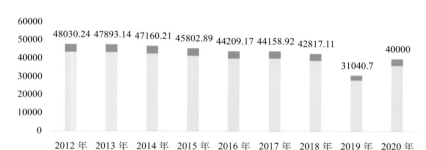

图1-17　2012—2020年生猪存栏量年度走势（单位：万头）

2012年我国生猪存栏量为4.80亿头，从2012年到2018年中国生猪存栏量呈逐步下降趋势，至2018年末生猪存栏量减为约4亿头，2019年由于非洲猪瘟及各地盲目拆建的影响，生猪存栏量断崖式下降，减幅高达27.5%。

2020年，随着全国规模猪场、散养户的增加，新增产能陆续释放，截至11月末，生猪存栏量已连续10个月增长，生猪存栏量超过4亿头，生猪产能已恢复到2017年底的90%以上。随着非洲猪瘟疫情得到有效控制，生猪生产持续加快恢复，产能快速提升，生猪市场供应持续改善，据农业农村部监测，截至2020年12月份，生猪存栏量连续11个月环比增长。据国家统计局数据，2020年12月末生猪存栏量达到4.07亿头，恢复到2017年年末的92.1%。

2.生猪出栏量

由图1-18可知，2012年我国生猪出栏量为7.07亿头，2014年达到7.49亿头，从2015年到2018年中国生猪出栏量呈递减趋势，至2018年末生猪出栏量减为6.94亿头，2019年主要由于非洲猪瘟影响，生猪出栏量骤减为5.44亿头，2020年全年生猪出栏量52704万头，比上年下降3.2%。

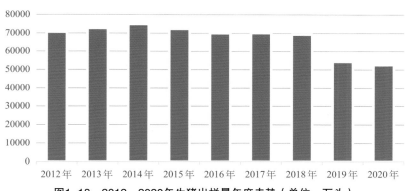

图1-18　2012—2020年生猪出栏量年度走势（单位：万头）

三、我国近年猪肉产量

1. 2012—2019年我国猪肉产量

由图1-19可知，2012年猪肉产量为5443.55万吨，2014年增至5820.8万吨，2017年底5451.8万吨，2018年回落至5403.7万吨，减幅约0.9%，2019年国内猪肉产量为4225万吨，环比下滑21.81%，

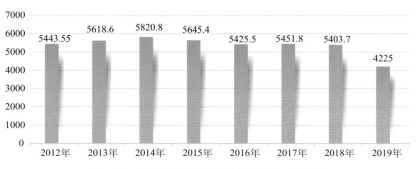

图1-19　我国猪肉产量年度走势（单位：万吨）

猪肉消费量仅为3793.7万吨，创近15年来的新低。我国整体猪肉产量有增有减，处于波动减少态势。2014—2016年中国猪肉产量的下降，主要是由于消费需求的减少。2019年猪肉产量的下降则受非洲猪瘟及各地盲目拆建的影响。

2. 2020年全国猪肉产量

2020年上半年，各地落实落细各项扶持政策，及时打通新冠肺炎疫情期间饲料等产销堵点，生猪生产保持快速恢复势头。据农业农村部官网消息，2020年12月30日，全国农业农村厅局长会议在北京召开，会议强调，"十四五"时期粮食产量要稳定在1.3万亿斤以上，并力争稳中有增，猪肉产能要稳定在5500万吨左右。

四、非洲猪瘟情况下我国养猪业复产前景

一方面，非洲猪瘟将中国猪业原有的疫病防控体系完全打破，亦让整个猪产业上下游处于水深火热之中；另一方面，在非洲猪瘟的影响下，中国养猪业产业结构发生重大变革、生物安全体系建设受到空前重视、集约化程度不断提高，可以说非洲猪瘟的到来直接影响了中国猪业发展进程。

2019—2020年这两年猪肉价格都处在高位，养猪大有可为，尤其对那些想要进入养猪行业或者打算扩大产能的养殖户来说，是一个绝佳的机会。2020年下半年以来，我国生猪产能下降的影响开始显现，除了生猪价格，猪肉价格也突破往年最高水平。猪肉价格对民生的影响非常大，所以当务之急就是快速恢复生猪产能，这样才能从根本上降低肉价。

为此，国家出台了大量扶持养猪的政策。不仅在土地、资金、技术上给予支持，国家还明确提出支持农户养猪。这几年，许多地方一味支持规模养猪场，支持农户养猪的声音已经很久没有听到了。从大趋势上来讲，这两年是养猪人的新机遇，养猪不仅仅是自己能挣到钱，更是为恢复我国生猪产能作出贡献。

另外，农村养猪户要提升自身的养猪技术，多养猪，养好猪，

多创收。

2020年生产存栏比2019年有较大幅度增长，因为市场缺猪，猪肉价格够高，国家和地方已经出台相关政策，后续也会陆续实施恢复生猪产能的相关措施，且目前，其他肉制品还没有能力填补猪肉的巨大市场缺口。增长幅度主要取决于猪肉价格的走势以及疫情的走势，猪肉价格坚挺，则恢复较快，反之，则会降速；非瘟疫情平缓，恢复速度快，非瘟疫情严重，恢复得则较慢，但不能改变生猪存栏增长的态势。2020年生猪产业向两头发展，一头是有资本介入的大型集团，钱不是问题，技术也不是问题，唯一的措施就是加快扩群；另一头是小散户或者家庭猪场，船小好调头，因为规模小，猪群密度小，与外界接触少，在非洲猪瘟没有完全控制的情况下，小散户是生猪出栏不可或缺的重要部分。

非洲猪瘟的发生会提升养殖、饲料、动保的门槛，产业集中度将加速提升，头部企业迎来至少三年的黄金发展期，非洲猪瘟疫情将导致产业结构变革，产业集中度将大幅提升，超大型养猪企业会不断涌现，饲料企业、动保企业也会发生兼并、重组，形成抵御风险能力更强的超大型企业。

第三节
养猪盈亏水平的探讨

一、原料价格变化分析

1.玉米价格变化分析

（1）2006—2020年1月全国玉米价格走势　由图1-20可以看出，2020年1月全国玉米平均价格为1.98元/千克，与上月持平。2006年历史价位最低，2009年、2011年、2012年、2013年、2015年走势类似，前中期稳定上涨，后期略有下降，2015年后期下降幅度最大。其他年份中，2011年9月出现最高价。

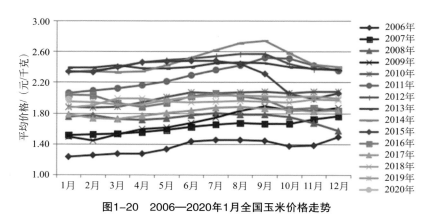

图1-20　2006—2020年1月全国玉米价格走势

（2）2019年12月—2020年1月我国玉米价格分析　由图1-21可知，统计区间内，全国玉米价格呈现波动走势。2020年1月玉米平均价格为1.98元/千克，与上月持平。

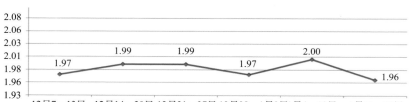

图1-21　2019年12月—2020年1月我国玉米价格分析（单位：元/千克）

2.豆粕价格变化分析

（1）2006—2020年1月全国豆粕价格走势　由图1-22可以看

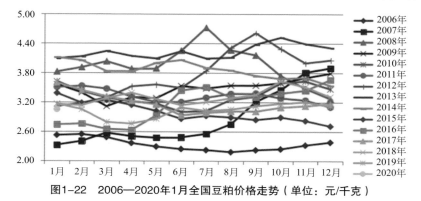

图1-22　2006—2020年1月全国豆粕价格走势（单位：元/千克）

出，2020年1月全国豆粕价格为3.05元/千克，较上月下降1.93%。统计年份中，2006年价格较稳定，且处于最低价，2017年前期稳定下降，后期稳定上涨，2018年呈现震荡走势，2007年稳定上涨，2015年稳定下降，2016年波动上涨，2008年、2010年、2012年呈现较大幅度波动。最高价出现在2008年7月。

（2）2020年1月全国豆粕价格分析　由图1-23可知，统计周期内，全国豆粕价格总体呈现下降走势。1月豆粕平均价格为3.05元/千克，较上月下降1.93%。

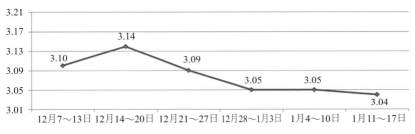

图1-23　2019年12月—2020年1月全国豆粕价格分析（单位：元/千克）

3.猪粮比价分析

（1）2006—2020年1月全国猪粮比价走势　由图1-24可以看出，2020年1月全国猪粮比价平均值为18.08∶1，较上月上涨6.29%。

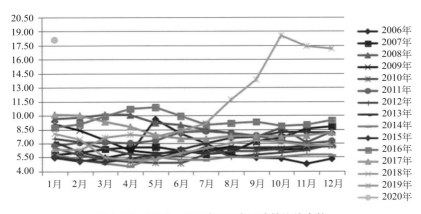

图1-24　2006—2020年1月全国猪粮比价走势

受生猪价格涨跌波动与原料价格的影响，猪粮比价也出现价格波动，2006—2009年、2015—2018年波动幅度较大，其他年份波动幅度略小。2018年，受非洲猪瘟影响，前期猪粮比价降低，中后期呈现震荡走势。2019年，受非洲猪瘟影响，猪粮比价震荡明显。

（2）2020年1月全国猪粮比价分析　由图1-25可知，统计周期内，前期全国猪粮比价小幅下降，后期反弹上涨。1月全国猪粮比价平均值为18.08：1，较上月下降6.29%。

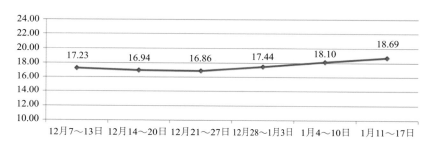

图1-25　2019年12月—2020年1月全国猪粮比价分析

二、代偿性畜产品的生产和价格变化分析

1. 生猪和猪肉价格变化分析

由图1-26可知，2020年生猪和猪肉价格较2019年上涨60.2%和55.3%，四季度开始同比下跌。2020年猪肉均价为52.37元/千克，同比上涨55.3%。2020年1月份和2月份猪肉价格延续了2019年底的上涨，分别环比上涨5.3%和9.5%，2月份猪肉价格为历史新高（58.89元/千克），3月份开始连续3个月回落。1～4月同比涨幅翻番，2月份同比涨幅最高，同比上涨161%。5月份跌至47.63元/千克，环比下跌10.1%，之后触底反弹并连续3个月上涨。8月份猪肉价格为56.03元/千克，环比上涨3.9%，同比上涨65%。9～11月猪肉价格回落，11月份猪肉价格降至2020年最低点（为46.3元/千克），环比下跌7.2%，同比下跌15.7%。12月份回升至49.12元/千克，环比上涨6.1%，同比下跌3.9%。

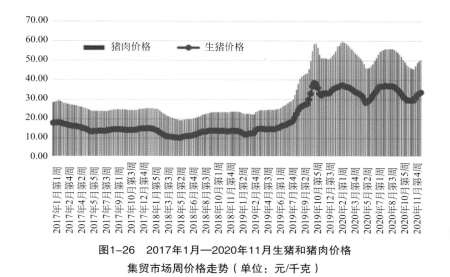

图1-26　2017年1月—2020年11月生猪和猪肉价格集贸市场周价格走势（单位：元/千克）

2020年生猪均价为33.89元/千克，同比上涨60.2%。1月份和2月份生猪价格延续了2019年底的上涨态势，分别环比上涨6.3%和4.9%，2月份同比涨幅创新高，为195.7%。3月份受新冠疫情下消费受抑制影响开始连续3个月回落，5月份跌至29.83元/千克，环比下跌11.5%。6～8月价格回升，8月份生猪价格为37.15元/千克，创历史新高，其中7月份涨幅明显，环比上涨15.1%，为36.25元/千克。9月份生猪价格开始回落，11月份生猪价格跌至2020年最低价格（为29.71元/千克），环比下跌5.4%，同比下跌14.8%，12月份回升至32.73元/千克，环比上涨10.2%，同比下跌1.7%。

仔猪年均价同比大幅上涨101.3%，为93.39元/千克。2020年1月份仔猪价格为77.49元/千克，环比上涨2.8%，连续4个月上涨至4月份的98.95元/千克后小幅度回落，其中2019年11月～2020年3月仔猪价格同比上涨超2倍，2月份同比涨幅高达254.7%。7月份受猪价回升带动连续两个月上涨，8月份仔猪价格108.64元/千克，环比上涨4.2%，同比上涨130.8%，创历史新高，9月份开始回落，12月份仔猪价格为82.01元/千克，环比下跌1.5%，同比上涨8.8%。

从周价格来看，猪肉价格从2020年1月第1周开始持续回升，2

月第3周涨至59.64元/千克，超过历史高位之后下跌，5月第4周跌至45.98元/千克，较2月第3周累计下跌22.3%，6月第1周猪肉价格回升，8月第2周涨至56.02元/千克，之后连续下跌，10月第3周开始同比下跌，11月第4周跌至45.79元/千克后开始小幅反弹，12月第4周涨至50.51元/千克，环比上涨1.4%，同比下跌0.7%。

生猪价格在2019年12月第1周开始上涨，2020年2月第3周涨至37.51元/千克，第4周开始高位回落，5月第3周跌至28.49元/千克，较1月第1周累计下跌15.7%，第4周开始震荡回升，8月第1周涨至37.24元/千克，8月第2周价格开始回落，11月第3周跌至29.55元/千克，之后生猪价格小幅度回升，12月第4周为33.71元/千克，环比上涨1.2%，同比上涨1.3%。仔猪价格自2020年1月第1周总体呈现上涨态势，9月第1周为109.07元/千克，创历史最高价位，环比上涨0.03%，同比上涨106.1%，9月第2周开始高位回落，跌至11月第4周的80.64元/千克后有小幅度回升，12月第4周为83.23元/千克，较9月第1周累计下跌23.7%，同比上涨10.8%。

2. 代偿性畜产品的生产

据农业农村部官网消息，2019年11月11日，农业农村部部长韩长赋主持召开常务会议，传达学习习近平总书记关于经济形势的重要讲话精神、李克强总理关于当前经济形势和下一步经济工作的讲话和国务院常务会议精神，研究部署农业农村经济工作。会议强调，要提高政治站位，准确把握中央对当前经济形势的分析判断，把思想和行动统一到中央决策部署上来，始终绷紧抓"三农"稳大局这根弦，稳字当头抓好农业农村各项工作，特别是稳产保供这个关键，保障国家粮食安全和重要农产品有效供给，坚决守好"三农"这个战略后院，为经济社会发展大局提供有力支撑。

会议强调，要对标对表全年目标任务，查找差距短板，瞄准重点难点，采取务实举措，集中精力攻坚，确保实现农业农村全年工作各项目标。

要全力恢复生猪生产，督促各地严格落实省负总责和"菜篮子"市长负责制，推动已出台政策尽快落地见效，加强生猪生产监测预警和形势研判，多方引导稳定市场预期，努力促进禽肉、牛羊肉、水产品等猪肉替代品生产。

2019年自7月底生猪价格上涨以来到11月11日止，一共四个半月了，猪肉价格由10.00元/斤，上涨到40.00多元一斤，价格始终居高不下，令广大中低收入工薪族消费群体和农民消费群体生活费用高涨，买不起猪肉，日常生活步履艰辛，只好寻找低价的肉食作为猪肉替代品。

第一，选择的是鸡蛋。鸡蛋是最理想的猪肉替代品。鸡蛋从营养方面，与猪肉营养类似，相差无几。鸡蛋价格方面，也比较便宜。鸡蛋价格也随猪肉价格上涨而上涨，所幸的是上涨比例并不大，由4.20元/斤涨到6.50元/斤，是当前猪肉价格的1/5左右，经济实惠。因此鸡蛋成为猪肉的首先替代品，被广大中低收入的消费者热衷，是老少皆宜的大众化刚需猪肉优质替代品。

第二，选择的是鸡鸭肉。鸡鸭肉也是一种优质的猪肉替代品，由于猪肉涨价，购买鸡鸭肉的人逐渐多了起来，价格也随着猪肉的涨价和销售量的增长而涨价，由原先的7.00元/斤上涨到当前的12.00～15.00元/斤，是猪肉价格的1/2倍，大大地缓解了广大消费者购买猪肉困难的大问题。另外，鸡鸭肉营养基本上与猪肉相一致，是猪肉良好的替代佳品。因此，鸡鸭肉成为猪肉重要的替代品。

第三，选择的是淡水鱼。淡水鱼营养丰富，与猪肉营养成分接近，最大的好处是鱼类所含的不饱和脂肪酸要高于猪肉，维生素和矿物质含量也要高于猪肉。价格方面，随着猪肉价格上涨的严重影响，也比原来的价格有小幅提升，是猪肉价格的1/3～1/2，经济实惠，成为人们替代猪肉的重要食品。鱼类食品因营养成分和性能良好，是中老年人，特别是三高人群的最青睐的刚需的优良的猪肉替代品。

总之，由于猪肉这一刚需食品价格高涨，成为中低收入人群的生活奢侈品后，买不起，吃不起，消费不起，鸡蛋、鸡鸭肉、淡水鱼类却成为高价猪肉的替代品，缓解了中低收入人群的日常生活和经济压力，解决了吃不起猪肉的大问题。

三、猪粮比价变化分析

1. 猪粮比的概念

猪粮比，通俗说就是生猪价格和作为生猪主要饲料的玉米价格的比值。按照我国相关规定，生猪价格和玉米价格比值在5.5：1，生猪养殖基本处于盈亏平衡点。猪粮比越高，说明养殖利润越好，反之则越差。但两者比值过大或过小都不正常。

生产成本是构成猪价的基本要素，是定价的重要基础，包括生产过程中消耗的各种饲料费、固定资产折旧费、劳动工资管理费、药品防疫费、能源消耗费等。在生猪生产过程中，饲料成本占养猪成本的60%以上，而猪的饲料中很大一部分来自粮食。因此，粮食的产量和价格直接影响生猪生产的数量和价格。生猪生产的实践表明，猪价与粮价之间存在一种必然的、相互适应的规律，即"猪粮比价规律"，合乎这一规律，就可以实现产销的宽松平衡，否则就必然出现产大于销或产不足销的被动局面。猪粮比越高，说明养殖利润情况越好。

2. 猪粮比算法

商务部、国家发改委、财政部等6部委制定并发布了《防止生猪价格过度下跌调控预案（暂行）》（以下简称《预案》）。将猪肉和粮食的固定比例作为养猪能否盈利的参考。

根据《预案》，国家在判断生猪生产和市场情况时，将猪粮比用来衡量养猪利润的一个专用指标，即每斤生猪活重价格（分子）与每斤饲料用粮价格（分母）的比值作为基本指标，同时参考仔猪与白条肉价格之比、生猪存栏和能繁母猪存栏情况，并根据生猪生产方式、生产成本和市场需求变化等因素适时调整预警指标及具体标准。

调控的主要目标是猪粮比不低于5.5∶1（这是一般认为的生猪养殖盈亏平衡点）；所谓平衡点，即每斤生猪活重收购出售价格为每斤饲料用粮价格的5.5倍时，为正好不赔不赚的价格。如每斤收购价格超出0.5元，活猪重按200斤算，则每只肥猪可赚钱0.5×200=100元。

《预案》中规定，当猪粮比高于9∶1，即猪价过度上涨时，国家将适时投放政府冻肉储备；当猪粮比低于5∶1，对国家确定的生猪调出大县的养殖户（场），按照每头能繁母猪100元的标准，一次性增加发放临时饲养补贴；对国家确定的优良种猪场的养殖户（场），按每头公种猪100元的标准，一次性发放临时饲养补贴。

辅助目标是仔猪与白条肉价格之比不低于0.7∶1；比如市场白条肉价为每斤12元，则仔猪价格应在8.4元1斤以上（8.4÷12=0.7）。即每斤仔猪价格应占每斤白条肉的70%时，养猪才不赔本；或反之亦然，如仔猪价格在8.4元1斤，则市场白条肉价应为每斤12元以内。

3.近期猪粮比价变化

猪肉股回落，玉米期货、饲料股上涨，猪肉概念红利正从养殖端向饲料端过渡。

随着猪价回落，粮食饲料价格上涨，猪粮比近期不断回落。农业农村部猪粮比价数据，截至2020年5月28日，中国农产品价格批发指数（农业农村部）猪肉价格报38.55元/千克，较2019年11月1日高点52.40元/千克下跌了26.4%。同期22个省市玉米平均价从2.01元/千克涨到了2.11元/千克，涨幅约5%。此外，最新数据显示，截至2020年5月22日当周，22个省市猪粮比为13.90，较2019年11月1日峰值20.39大幅回落了约32%。

值得注意的是，2020年以来玉米期货涨幅可观，暗示未来猪粮比仍有回落空间。文华财经数据显示，2020年以来大商所玉米期货指数累计上涨了约9.5%。Wind数据显示，饲料加工板块2020年以来上涨了28.29%；而生猪养殖板块同期涨幅为12.21%，且季度、月度、周度数据均下跌，5月板块累计下跌9.82%。

猪粮比不断回落背景下，上市公司新希望在互动平台上表示，行业常用的"猪粮比"是用生猪价格和作为生猪主要饲料的玉米价格之比，作为一个判断行业盈亏水平的参考指标，且基于过往经验，认为该比例为6：1时处于盈亏平衡状态，目前还是远高于6：1。

四、生猪周期规律变化分析

"猪周期"是一种经济现象，也指"价高伤民，价贱伤农"的周期性猪肉价格变化怪圈。"猪周期"对养猪业的影响：肉价高——母猪存栏量大增——生猪供应增加——肉价下跌——大量淘汰母猪——生猪供应减少——肉价上涨。"猪周期"对养猪户的影响：猪肉价格高会刺激养猪户积极性，而造成供给增加，供给增加就会导致肉价下跌，肉价下跌到比较低，就会打击养猪户积极性造成供给短缺，供给短缺又会使得肉价上涨，周而复始，就形成了所谓的"猪周期"。

1.我国养猪业每个年度内的变化规律

我国传统节日对生猪价格的影响很大，广大民众非常重视一些传统节日，生猪在年度内的价格一般呈现出"两端高、中间低"的规律，即在每年1～2月份猪价较高，到3月份开始下降，5～7月份达到低谷，之后又缓慢回升，在中秋节前后上升到高价位，并保持到年末，一般在春节前猪价达到一年的最高值，春节后又开始下降。

2.1984—2006年我国生猪市场的变化

我国养猪业经历了几个大的波动，下面结合1984—2006年我国生猪市场的变化，探讨我国养猪业的经济循环周期的特点和形成的因素。1984—2005 年全国生猪市场价格共经历了 4 个大的波动周期：1984—1987 年经历了第一个"上升—下降—上升"的小周期，但波动幅度不大，1985 年达到了改革开放以来生猪市场价格的第一次"波峰"；1987—1993 年为第二个波动周期，1988 年达到又一"波峰"，并创下了历史最高水平，但 1989 年开始经历了 3 年的下降期，到 1991 年达到"谷底"；1993—2000 年为第三个波动周期，1995 年为"波峰"，1996 年稍有下降，而 1997 年则再次达到"波峰"并创下新的历史最高水平，而后则急速下降，到 1999 年跌入"谷底"；2000—2002 年，生猪价格一直徘徊在较低的价位；到 2003 年下半年才开始回升，同年 8 月开始进入盈利期；2004 年 9 月全国生猪平均价格达到历史最高水平，此后虽略有下降，但仍然保持在较高价位；2005 年 9 月开始快速下跌，到 2006 年 5 月达到"谷底"。以此来探讨我国养猪业的经济循环周期的特点和形成的因素。

形成价格周期的原因分析如下。

（1）内部传导机制下的波动成因分析　供求关系变化对周期性波动起决定性作用。养猪业作为个相对独立的行业，必然受到价格机制的制约，生猪供求变化导致其价格的周期性波动。按供求法则，供给量和需求量始终处于自我调整和波动之中，直至供需平衡。但由于自然条件、社会环境的变化，绝对的供需平衡是不可能出现的，从而波动就不可避免。

生猪市场比较接近于完全竞争市场，其供给弹性大于需求弹性，在没有外部反方向干扰的情况下，会呈现出发散式蛛网特征，单纯依靠市场的自我调节不但不会抑制波动反而会加剧波动。

养猪生产人员决策依据存在偏差。养猪生产人员的决策完全取决于价格预期和成本的变化，其中价格的预期基本上是对当前价格呈现出正方向的反应，即生产量是当前价格的函数。由于从仔猪购进到肉猪出栏大约需要 4 个月，所以仔猪价格不应该与肉猪盈利同步，仔猪价格升降应该有 4 ～ 5 个月的提前期。正确的生产决策应依据消费量和存栏量，对市场需求作出正确的反应，即生产量应该是消费量和存栏量的函数。

生猪生产周期对价格的影响。猪肉的生产须经过后备猪培育、妊娠、仔猪培育、生长育肥等几个阶段才能完成一次周期，大约需要18个月。因此，当市场上供应缺乏时不能马上在产量上得到反应。生猪生产的这种滞后性容易给生产者造成错觉，导致其在价格水平高育肥猪不足时扩大饲养规模，购进仔猪，造成仔猪价格上涨，并进而刺激母猪饲养者补充后备猪以增加母猪数量，从而进一步减少了肉猪的供给。但等新增加的母猪产仔后，则会造成仔猪供大于求，仔猪跌价，该批仔猪经育肥出栏时，造成肉猪供大于求，肉猪跌价，最终导致大量宰杀可繁母猪的局面（如1999年和2006年第二季度）。而要在此基础上恢复正常的养猪生产，一般需要2～3年甚至更长的时间。

饲料成本对猪价的影响。活猪价格与养猪利润并不是线性关系，分析养猪利润必须考虑养猪成本。养猪成本中饲料成本约占70%，饲料中大部分是玉米、豆粕等粮食或粮食加工副产品。猪价和粮价之间存在一种必然的、相互适应的联系。

一般以活猪和玉米比价5.5：1时为养猪的盈亏平衡点。

养殖与屠宰、加工、销售环节利润分配不合理。当前在我国猪肉生产链中，养殖、屠宰、加工、销售各环节利润分配不合理的问题十分突出，屠宰、加工环节分享了产业链中较多的利润，而且屠宰、加工和流通环节处于强势地位，利用猪是鲜活产品的特点，往往在市场价格下滑时联手压低肉猪收购价格，且挑肥拣瘦，将市场风险全部转嫁给了养猪生产者。例如，2005年国庆节、中秋节期间，活猪价格不仅没有上涨反而暴跌，但猪肉价格并未同步下降。因此进一步降低了养猪生产者恢复生产的信心。

养猪从业人员经营行为的影响。我国养猪生产存在"小生产，大市场"格局，千家万户分散的小规模饲养仍占总饲养量的60%以上，这种生产方式普遍存在基础设施条件差、良种覆盖率低、饲养技术落后、疫病防控体系不健全等问题，组织化程度更低，承受和化解市场风险的能力极弱。几乎没有获得准确市场信息和预测的能力，同时又具有很强的从众心理。因此导致"猪价上扬时则一哄而上，猪价下跌时则一哄而下"的局面，必然会使生猪价格频繁震荡。

（2）外部冲击机制下的波动成因分析　疫情等突发事件的影响。2003年的"非典"改变生猪的供应格局，同时受到"霉玉米""禽流感"等的影响，使养猪业在2003年8月～2005年8月维持了2年多的盈利期。而长期的高盈利导致存栏量快速增加，母猪比重加大，导致2006年上半年出现亏损。而到2006年5月自江西开始，随后蔓延至湖南、湖北、安徽、河南等地的"猪无名高热综合征"使猪的存栏量急剧减少，从而使得2006年下半年猪价快速反弹。

宏观调控体系不完善。我国目前还没有建立比较完善的生猪市场体系，市场发育不健全，没有形成良好的流通机制，没有形成调节功能健全的流通体系。在产业组织未建立或不健全而政府部门又不再对生产进行直接的组织、管理和调控的情况下，市场的波动是难以避免的，尽管养猪生产者已积累了相当的经验并逐渐走向成熟和理性，但由于市场信息不灵，对市场的反应仍然是被动的、滞后的，甚至是盲目的。从而导致数万生产者不是以销定产，而是以价格定产，进而使得养猪业反复出现周期性的波动，生产者无所适从、苦不堪言。

饮食习惯及消费心理的改变。人们的健康意识增强，饮食观念正发生着改变，即"少吃荤腥，多吃素淡"的人越来越多。人们的消费信心不足，由于"瘦肉精""猪链球菌病""病死猪肉""注水肉""药物残留"等有关食品安全问题极大地影响了消费者的消费信心。又因过分追求生猪速度、饲料利用率、瘦肉率而导致的猪肉风味、口感变差，减弱了人们的消费欲望。

3. 2010—2018年我国生猪市场的变化

2010年以来，猪周期明显拉长。上一轮周期，从2010—2015年，用了近5年时间。2015年开始，进入新一轮周期。这两轮周期在成因细节上有分化，探讨我国养猪业的经济循环周期的特点和形成因素。

（1）2010—2015年，主要是各种补贴政策影响猪价向利润传导，虽然猪价下跌，但利润下滑缓慢，导致供应迟迟得不到下降，下跌周期延长。在2010—2015年的周期运行中，周期拉长主要因回落周期拉长所致。其回落过程中相对缓慢而反复，究其原因则为近年生猪产业规模化速度明显加快，包括前期利润较高及政策补贴力度较大的背景下大量资本加入，导致行业产能过剩，同时由于抗风险能力的提高，淘汰过剩产能的节奏明显被拉长，令供应持续高位，产能过剩严重，导致"猪周期"主要是熊市周期延长。这轮"猪周期"中回落时间长达3年半，远高于正常周期（1.5～2年）。我们可以看到，在此过程中，补贴政策影响了由猪价向利润的传导，猪价下跌，但利润下降缓慢，导致供应迟迟得不到出清，再加上2013—2014年疫情频发、2014年开始的反腐严打削弱需求，进而导致猪价长期低迷。

（2）2015年开始的这轮周期中，上涨阶段延长，而回落阶段前期较为抗跌。一方面原料长期低位通过成本端影响猪价向利润的传导，这轮周期中因原料去库存阶段偏弱，尽管猪价一般，但养殖利润奇高。另一方面环保管控加强影响利润向供应传导。利润虽然奇高，但因环保管控严格导致生猪及能繁补栏却恢复缓慢，2015年起国家环保门槛抬高，相对于价格及利润的上涨，供应增加较为缓慢，进而导致上涨周期延长。但企业在利润的驱逐下还是会通过另外的途径来提高产出增加供应追逐盈利。一方面尽力提高生产效率，提高每头母猪的产仔数及出栏肥猪数（即提高业内常说的PSY/MSY），一方面延迟出栏（也叫压栏）来增加每头育肥猪的出栏体重。但如此被动增加产出的效果远不及通过补栏，所以利润存续期会较正常猪周期延长。但与上轮周期不同的是，一旦进入亏损阶段，则能迅速全身而退，因为届时市场压栏现象会迅速消失，供应可能反倒很容易下降，价格可能也会很快到位进而进入上涨周期。所以拉长的只是利润存续期，亏损期则可能会缩短，整个周期可能未必像上个周期般明显被拉长。

五、猪肉产量及价格变化分析

1. 2006—2020年全国仔猪价格走势

由图1-27可以看出，2020年1月全国仔猪平均价格为88.81元/千克，较上月上涨0.57%。回顾往年，2008年、2011年、2016年、2017年生猪价格走势波动较大，2006年仔猪价格处在统计历史最低位，其中5月份仔猪价格最低，2009—2010年仔猪价格波动较小，总体走势基本相同。2007年与2015年1～8月份仔猪价格呈现持续上扬态势，9月起出现了下滑态势，2019年仔猪平均价格直线上升，一直到2020年。

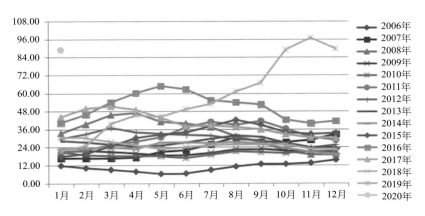

图1-27　2006—2020年1月全国仔猪价格走势（单位：元/千克）

2. 2006—2020年1月全国生猪价格走势

由图1-28可知，2020年1月全国生猪平均价格为35.73元/千克，较上月上涨5.90%。回顾往年，2006年全国生猪价格整体处于最低位，2008年和2011年，走势基本相似。2018年，受非洲猪瘟等因素影响，生猪价格整体呈现较大幅度的波动。2018年上半年生猪价格震荡下行，3～4月猪价行情冷清，部分养殖户出现惜售现象，致使5～6月份出现大量牛猪上市，生猪市场供应量增加，价格小幅震荡，2019年和2020年生猪价格在高位运行。

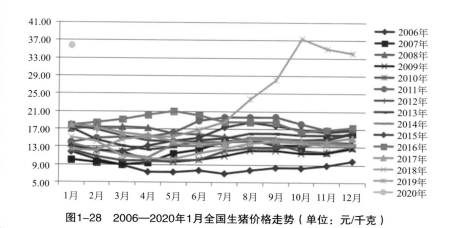

图1-28　2006—2020年1月全国生猪价格走势（单位：元/千克）

3. 2005—2019年全国猪肉产量走势（图1-29）

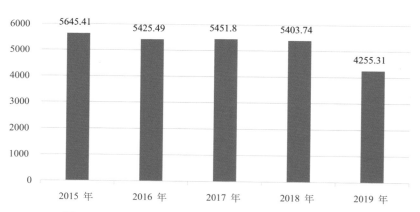

图1-29　2005—2019年全国猪肉产量走势（单位：万吨）

4. 2006—2020年1月全国猪肉价格走势

由图1-30可知，2020年1月全国猪肉平均价格为48.34元/千克，较上月上涨2.37%。2006年历史价位最低，2007年、2008年、2011年、2014年、2015年价格波动幅度较大。2018年猪肉价格呈现S形震荡走势，前期波动下降，后期波动上涨。2019年11～12月，由于国内生猪存栏环比回升、冻猪肉上市量增加、猪肉进口增长等因素的影响，国内猪肉价格回落明显。

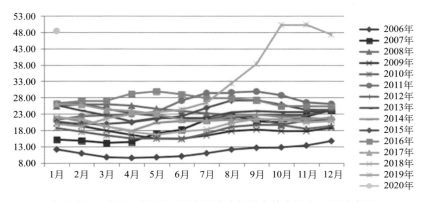

图1-30　2006—2020年1月全国猪肉价格走势（单位：元/千克）

第二章

猪场建设

第一节
猪场选址的原则

一、地形地势

选择猪场场址首先应考虑猪场的防疫问题，并应在不影响防疫的同时，综合考虑猪场建成后产品及饲料等进出猪场运输及供电、供水诸因素，最后确定猪场的防疫间距，防疫间距一般如下。

（1）距工厂、学校、村镇及居民区500～1000米及以上，且处于下风位置。

（2）距主要公路、铁路和河流等交通频繁的地方300～500米及以上。

（3）距畜禽屠宰场、肉食加工厂、皮毛加工厂应在2千米以上，并位于上风位置。

二、地势高燥、背风向阳、排水方便

低洼潮湿的场地不利于猪的体热调节和肢蹄发育，而有利于病原微生物和寄生虫的生存，严重影响建筑物的使用寿命，而且雨季时常常受到洪水的威胁，也不利于防疫。故要求所选地面应高出当地历史洪水线以上，且地下水位应在2米以下。

背风向阳可减少冬春风雪的侵袭，提高猪舍温度，并保持场区小气候的相对稳定。为了便于排水，防止积水和泥泞，地面应平坦而稍有坡度，一般以1%～3%的坡度较理想，最大坡度不得超过25%。

三、水源

在选择场址时，水源的水量和质量都要符合要求，饮水的质量直接关系到猪群的生长发育和健康。不洁的饮水往往会导致猪腹泻、营养吸收障碍等多种疾病，从而导致猪群生产力下降。场地的土壤情况对猪群健康的影响同样很大，土壤的透气性、透水性、吸湿性、毛细管特性及土壤中的化学成分等，都直接或者间接影响场区空气、水质和土壤的净化作用。适合建场的地方土壤应是透气性好、易渗水、热容量大、毛细管作用易于保持适当的干燥环境，防止病原菌、蚊蝇、寄生虫卵等生存和繁殖。

四、周边环境

猪场饲料产品及粪污等废弃物运输量较大，交通方便才能降低生产成本和防止污染周边环境，但是交通主干线往往会造成疫病传播，因此场址既要交通方便，也要与交通干线保持距离。

选址时，2千米和5千米范围的猪场分布和猪群密度，周围无垃圾场、屠宰场、活畜交易市场、死猪处理场。猪场离最近公路的距离、风向、地形河道、雨水排向等先天条件都应该要全盘考虑。

五、猪场的规划与布局

养殖场场区要根据当地的主风向和场地地势，做到功能完善，分区合理。管理区、生产区、病死猪无害化处理和粪污处理区、仓库和饲料加工车间区要合理布局，相对独立，便于隔离防疫和提高生产效率。

1. 生产区

猪场建筑面积一般要占全场总面积的70%～80%。种猪舍、保育猪舍、育肥猪舍要保持一定距离，同时每栋猪舍之间也要保持一定距离，并适当进行绿化，建立隔离带。种猪舍要其他猪舍明显隔开，并且建在人流量较少和猪场的上风向。育肥猪舍应设在下风向，便于出猪。在设计时，猪舍方向要与夏季主导风向呈30°～60°角，便于猪舍夏季通风。在生产区入口处，要设立消毒池和消毒间，便于人员和车辆消毒。

2.管理区

管理区是生产经营管理部门所在地，应位于生产区主风向的上风向和地势较高处，要尽量靠近公共道路，便于从事生产经营管理和与外界保持经营性联系。

3.病死畜禽无害化处理和粪污处理区

应设在生产区下风向、地势低洼处，远离水源，与居民区保持一定距离，最好建立围墙等隔离设施，减少疫病传播。

4.道路

道路对生产活动正常进行以及卫生防疫起着至关重要的作用。场区道路净道与污道要分开，互不交叉。

5.绿化

绿化不仅美化环境，净化空气，也可以防暑、防寒，改善猪场的小气候，同时还可以减弱噪声，促进安全生产，从而提高经济效益。因此在猪场总体布局时，一定要考虑和安排好绿化。

第二节
猪舍的设计

一、总体布局

1.猪场的选址

猪场的选址是猪场建设的第一步，是决定今后能否保持长久发展的关键，是决定今后能否取得良好经济效益的基础，一经确定就不能更改，所以一定要科学选址，才能保证今后的长足发展。

（1）政策条件　猪场是一个高污染行业，选址必须符合当地政府的用地规划，在允许养殖用地的范围内选址。选定后首先要向乡（镇）人民政府提出申请，经乡（镇）人民政府同意，再向县级畜牧主管部门提出规模化养殖项目申请，进行审核备案。

（2）防疫条件　做好生猪的防疫工作能有效降低养猪业的风险系数，选择具有天然生物防疫屏障（山川、河流、湖泊）的地带建设猪场是猪场选址需要考虑的最基本的条件，同时还要考虑周边环境对猪场的影响。

（3）环保条件　新办猪场在选址时要充分考虑其排污对周边村庄、河流、农田及大气的影响，要考虑当前及今后（发展）当地环境的承载能力，结合自身的处理能力作出科学综合的判断。选址要在村庄的下风向，禁止在生活饮用水源上游及风景旅游区及自然保护区建场，要符合国家质量监督检验总局发布的《农产品安全质量　无公害畜禽肉产地环境要求》。

（4）地理条件　猪场应建在依山傍水，四周有天然隔离屏障，地势较高、干燥、平坦、背风向阳、开阔整齐、稍有斜坡的无疫区内。地下水位低，无洪涝威胁。在山窝里建猪场要考虑通风条件，不建议在山窝里建设2000头以上的规模猪场。

（5）其他条件　水源充足，取用方便且符合饮用水标准，一般1000头猪场按每天10吨的用水标准设计；离电源较近并能获取足够且比较稳定的电力；交通方便，便于饲料的就近运入及粪便、废弃物的处理。

（6）猪场规模的设定及场址的确定　专业化养猪技术含量要求较高，资金投入较大，因设备、工艺、建筑类型、猪的品种不同投资差异巨大，一般按年出栏1000头规模计算，需要投入80万～120万元。所以在选址和规划时一定要根据自身的实力，决定投资规模，最好要按长远的规划，圈足今后发展的地块，采取分期建设、稳步推进的策略。

2. 猪场的布局

（1）猪场的总体规划　猪场在布局前应作一个总体规划，总体规划包括近期规划和远期规划，以方便生产、利于防疫、为企业未来的发展留有充足空间为原则。特别是在资金紧张的情况下，一定要设计好长远的规划，分期实施，以确保企业可持续健康发展。

（2）猪场的布局　猪场的总体布局一般分为生产区、生活区和废弃物处理区三个功能区，三个功能区在布局上要做到既相对独立又相互联系。

① 生产区内布局　猪舍的朝向应尽量坐北朝南（偏东7°最佳），这样有利于夏季通风降温，冬季背风保暖，当然也可根据场内的地形、地貌、水源、风向等自然条件，因地制宜作出调整；生产区内饲料运送道与粪便运送道要分开；各类猪舍排列有序，应根据风向自上而下，按公猪舍、母猪舍、生长（保育）猪舍、育肥猪舍的顺序排列。育肥猪舍最好靠近场区大门，以便育肥猪出栏。猪舍的建筑形式根据各养猪专业户的经济实力，可分为全敞开式、半敞开式和封闭式，公猪舍和后备（空怀）母猪舍以前敞式带运动场的形式较好。生产区内还应设立消毒池、男女浴室、更衣室、紫外线消毒室、兽医室、病畜隔离舍等防疫设施及消毒设备。

② 生活区内布局　生活区可设在猪场大门的入口处，集办公、宿舍、原料仓库、饲料加工、成品仓库为一体。原料仓库与外界相通，成品仓库与生产区（饲料运送道）相连。

③ 废弃物处理区布局　废弃物处理区最好设在下风向地势较低处，主要包括污水、粪便和病死猪的处理区，与粪便运送道相连。污水经过专用管道输入集污池，经过沼气发酵或生态处理。粪便人工清出后放置在堆置区，经发酵后还田或作有机肥加工处理。

④ 某养猪场总体平面设计（图2-1）

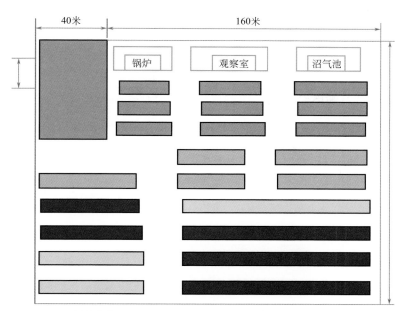

注：▨ 部分为管理办公区+生产辅助区

生产区包括：

育肥区，可以容纳肥猪5000～5400头；

保育区，可置保育床180个；

产仔区，可置产仔床180个；

后备母猪和下产床母猪栏，可容纳母猪150～180头；

妊娠猪区，可置母猪单体栏480个。

图2-1 某养猪场总体平面设计图

⑤ 某猪场多点式种猪选育场总体布局（图2-2）

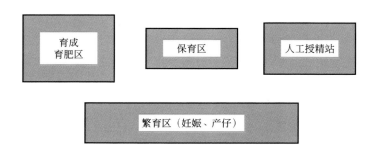

图2-2 多点式种猪选育场总体布局图

二、分类猪舍的配置

在养猪中，猪舍的建设工作是首要工作，也是基础工作，猪舍的建设是否合理，在一定程度上决定后期的养殖好坏，像选址、噪声、交通环境等都是要考虑的范围，只有合理的布置，才能发挥出猪舍的最佳用途。

1.公猪舍与配种舍

公猪舍多采用带运动坪的单列式，圈墙或圈栅高1.2～1.5米，圈面积7～9米，其运动场面积可为圈面积的1.0～2.0倍。舍内温度要求15～20℃，风速为0.2米/秒。种公猪均为单圈饲养（图2-3）。

图2-3　公猪舍

2.空怀、妊娠舍

采用带运动坪的单列或双列式、开放或半开放式，可群养，也可单饲。群养时，空怀母猪每圈4～6头，妊娠母猪每圈2～4头。舍温要求15～20℃，风速为0.2米/秒。母猪群养单饲（限位采食）。因群养单饲栏采用了隔栏定位采食，重点解决了个体间的采食均匀性，而且又使母猪有足量运动。但在集约化条件下，妊娠母猪多为高密度、定位式饲养，猪舍采用双列式或多列式，开放式或半开放式（图2-4）。笼栏多采用金属单体限位栏。

3.分娩舍

分娩舍常为双列式，为达到母猪适宜温度16～18℃和哺乳仔猪29～32℃的要求，外围结构采用密闭式，笼栏采用高床分娩栏。

床体中间部位为母猪限位区（宽一般为0.60～0.65米），两侧为仔猪活动区。在高床金属栏内，设置母猪食槽、母猪及仔猪自动饮水器、保温护仔箱和仔猪自由采食补料槽（图2-5）。

图2-4 空怀、妊娠舍　　　　　　图2-5 分娩舍

4. 保育舍

仔猪断奶后转入保育舍，应能给其提供干燥、温暖、清洁的室内环境：舍内温度要求26～30℃，风速为0.2米/秒。可采用一窝一圈或混群方式，实行地面或高床饲养现代集约化多采用全金属栏，其单体栏长2.0米、宽1.7米、高0.6米，床底离地高30厘米，围栏栅条间隔6厘米。床底设置1/2的水泥实心底板和1/2的漏缝底板。实心底板利于采食和睡卧，漏缝底板便于排泄粪尿（图2-6）。

图2-6 保育舍

5. 生长育肥舍

多采用地面群养方式，每圈8～12头，其占栏面积和采食宽度

依生长育肥猪的多少而定。

　　以上五个方面根据不同的周期进行分类，这是较为科学的分类方法，因为猪在不同的生长周期内，所需要的环境也是不一样的，如果在养殖过程中，能做到以上分类，我想不同时期猪的生活环境应该都是最佳的，好的环境必然会给猪场带来良好的收益（图2-7）。

图2-7　生长育肥舍

6.后备母猪舍

　　后备母猪舍均采用大栏地面群养方式，自由采食，其结构形式基本相同，只是在外形尺寸上因饲养头数和猪体大小的不同而有所变化。

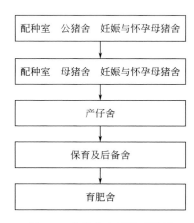

图2-8　分类猪舍平面配置图

7.隔离猪舍

　　猪隔离区应根据猪场当地的风向情况建在下风、地势较低的地方，隔离舍应独建一处，与其他猪舍至少间隔50米，以免影响生产猪群。猪场隔离舍可以根据情况按种猪、培育猪舍建造，结构不变，外形尺寸可适当缩小。

8.分类猪舍平面配置（图2-8）

三、分类猪栏的计算

在工厂化养猪生产过程中，为提高猪舍的利用率和养猪生产效率，一般均采取全进全出、均衡生产的方式，以周为节律进行生产，即饲养一定数量的母猪，组成一条生产线，每条生产线都由配种、妊娠、分娩、保育、生长、育成等环节组成。以饲养600头基础母猪、年出栏一万头商品猪的万头生产线为例，按每头母猪平均年产2.1窝计算，则每年可产仔1260窝，平均每周产仔24窝，即每周应有24头母猪配上种，24头母猪产仔，24窝仔猪断奶进保育舍，24窝育肥猪出栏。

每条生产线都由配种舍、妊娠舍、分娩舍、保育舍、生长舍和育成舍组成，而每栋猪舍的大小则取决于各类猪舍中猪栏的数量及排列方式。

1.生产线内各类猪栏的数量

工厂化养猪是以周为节律，以饲养单元为单位，实行全进全出的生产制度。全出后要进行彻底的清洗消毒，考虑到实际生产过程中的不平衡性及管理上的方便，各猪舍还应增加一定数量的机动栏，一般为增设1周的猪栏数量，以便冲洗消毒及机动时使用。

（1）公猪栏　在工厂化养猪生产中，公母猪的比例为1∶20。以万头生产线为例，需饲养公猪30头，所以应在配种舍内设30个公猪栏；公猪的年更新率为50%，每年应更新淘汰15头公猪，因此还需要设置4～5个后备公猪栏。

（2）母猪栏　因为母猪在生产线的配种舍、妊娠舍、分娩舍之间循环，所以每栋猪舍内母猪栏的数量取决于母猪在各舍内的占栏时间。

母猪在配种舍内的占栏时间：母猪断奶后转入配种舍，一般经4～5天发情配种，平均为7天左右，配种后再经过一个发情周期如不再发情即转入妊娠舍。所以母猪在配种舍内的时间应等于从断奶到配种的天数，再加上一个发情周期的天数。即7天+21天=28天或4周。

母猪在妊娠舍的占栏时间：妊娠母猪在产前7天左右进入分娩

舍，故在妊娠舍的时间应为114天减去一个发情周期，再减去7天，即为114–21–7＝86天或12周左右。

母猪在分娩舍内的占栏时间：等于哺乳期加上7天，如为28天断奶，则母猪在分娩舍内的占栏时间应为35天或5周。确定了母猪在各舍内的占栏时间后，便可计算出各舍母猪栏的数量。

以600头基础母猪的万头生产线为例，母猪在分娩舍内的占栏时间为5周，则分娩舍母猪栏的数量应为：（5+1）×24=144栏。

配种舍的母猪栏数量为：（4+1）×24=120栏。

妊娠舍母猪栏的数量为：（12+1）×24=312栏。

（3）保育舍仔猪栏　仔猪断奶后进入保育舍，在保育舍的时间为5周左右，断奶时相邻两窝仔猪合并成一栏转入保育舍，所以保育舍猪栏的数量应减半。每栏的面积可容纳两窝仔猪，所以保育舍仔猪栏的数量为：（5+1）×24÷2=72栏。

（4）生长舍猪栏　进入生长舍的猪体重已在20千克以上，此时需要公母分群饲养，每栏饲养头数应15～20头（即2窝仔猪的头数）。中猪在生长舍内的时间约为9周，因此生长舍的猪栏数量为：（9+1）×24÷2=120栏。

（5）育肥舍猪栏　从生长舍到育肥舍时，为了减少重新组群的应激反应，应尽量做到整栏移动。猪只在育肥舍的时间约为8周，因此育肥舍的猪栏数量为：（8+1）×24÷2=108栏。

2.各猪舍内猪栏的排列方式

在同一条生产线中，各猪舍的长度应基本一致，不宜过长，以60～85米为宜。猪舍过长会给排污、饲喂和机械清粪带来不便。

猪舍的宽度应有利于建筑、采光、通风及保温，最好在15米以内。

猪栏的排列方式应便于机械的安装与操作。

根据猪栏数量的多少，可排成2～4列，如猪栏数量过多，一栋猪舍容纳不了时，可分建2～4栋猪舍。

配种舍的公母猪栏应相对或相邻排列，以利于刺激母猪发情。

3.分类猪栏的计算方法

（1）产房的母猪产床数量计算　平均每头母猪年产2.3窝，全年52周，仔猪3周断奶，母猪需要在母猪产床上待5周，每栏饲养一头母猪。所以，基础母猪数量×2.3（平均每头母猪年产数）/52（年周数）×5（母猪在产床上的时间）/1=母猪产床数量。

（2）配种舍定位栏数量计算　母猪停止哺育仔猪后，还需要5～7天才能再次配种，一般以1周来计算。配种后，需要21～28天来确认妊娠，一般以4周来计算。空栏消毒时间1周。空栏周数=1周+4周+1周=6周，每栏饲养一头母猪。所以，基础母猪数量×2.3（平均每头母猪年产数）/52（年周数）×6（空栏周数）=定位栏数量。

（3）妊娠舍定位栏数量计算　妊娠期饲养时间为114天，除去配种饲养时间4周，以及提前1周进入母猪产床，再加上1周时间消毒。（114/7-4-1+1）=12.3。每栏饲养一头。所以，基础母猪数量×2.3（平均每头母猪年产数）/52（年周数）×12.3/1=定位栏数量。

（4）后备母猪栏数　后备母猪栏数量=年更新数量/52×后备母猪栏饲养时间/每栏饲养头数。基础母猪的年更新率为40%（事实上最大不超过30%），每栏饲养5头。后备母猪栏饲养时间为9周（先在大猪舍饲养到170天，隔离舍再饲养30天，再在后备栏饲养30天，即养到230天配种）。所以，更新母猪的栏数：基础母猪数量×30%/52×9/5=栏位。

（5）生产公猪栏数　本交的公母猪比例为1：25（实际取1：20），人工授精的公母猪比例为1：100（实际取1：40），每栏公猪数为1头。所以种公猪的栏数为：基础母猪数量/20=栏位。

（6）后备公猪栏数　基础公猪的年更新率为50%，每栏饲养1头，后备公猪栏饲养时间为9周。所以，更新猪只的栏数：基础母猪数量×50%/52×9=栏位。

（7）保育舍栏数　窝平均断奶10头，每栏饲养20头，养到25千克。7周+1周消毒=8周。基础母猪数量×2.3（平均每头母猪年产数）×10/52×8/20=栏位。

（8）育肥舍栏数　窝平均断奶10头（不考虑成活率），每栏饲养20头，养到100千克。15周+1周消毒=16周。基础母猪数量×2.3（平均每头母猪年产数）×10/52×16/20=栏位。

四、猪舍环境控制

1.猪舍环境温控原则

（1）温度控制　猪不同生长阶段的适宜温度：小猪（23±2）℃，中猪（20±2）℃，大猪（16±2）℃。猪舍温度是否适宜的判断方法：猪群安静时，猪群打堆，说明气温低；若是均匀地散开睡觉，说明温度适宜；若是在潮湿或是在粪尿处打滚、睡觉，说明温度高。通过温度计来观察气温变化，根据气温变化灵活采取措施。

（2）防寒保暖措施　冬春季节，当气温低于18℃，可以采取封帐幕、烧煤炉、垫保温板、双层屋中屋、保温箱、热风炉和地暖等一项或多项相结合的措施来升高猪舍内温度。

（3）防暑降温措施　当环境温度较高时，根据实际情况，适当采取开风扇、拉遮光网、猪舍瓦面铺稻草、瓦面喷水、舍内墙面喷水、使用风机水帘等方法降温。

（4）湿度控制　猪舍湿度应控制在65%～75%的范围内为宜。湿度大时可在走道撒石灰、栏舍撒木糠或木屑等来吸湿，禁止冲栏，猪舍卫生要做到勤铲勤扫。

（5）通风换气　栏舍要适当通风，减少空气中有害气体的浓度，确保舍内环境的空气质量，在确保温度的基础上，采取由里到外、由上到下的通风方式，根据猪群的状况、舍内气味的浓度和温度及气温来灵活控制。

（6）卫生要求　喂猪前，扫料槽往外3米再喂猪，之后产猪粪。逐栏清，喂几餐搞几次卫生。如果舍内卫生差、湿度大，必须换栏后清洗消毒。中大猪搞卫生不少于2次/天。外周排污清理1次/天。每周清理舍内灰尘及蜘蛛网等一次。每周进行带猪消毒一次，天气寒凉或湿度大时可推后，冬季减少带猪消毒。

（7）饲养密度　体重15～30千克的0.8～1.0平方米/头；体重30～60千克的1.0～1.5平方米/头；体重60～100千克的1.5～2.0平方米/头。饲养密度还需要根据舍内温度适当调整，寒冷时密度大些，暑热时密度小些。

2. 猪舍内空气温度要求（表2-1）

表2-1　猪舍内空气温度要求

猪舍类型	空气温度/℃	高临界温度/℃	低临界温度/℃
种公猪舍	15～20	25	13
空怀母猪舍	15～20	27	13
哺乳母猪舍	18～22	27	16
哺乳仔猪保温箱	28～32	35	27
保育猪舍	20～25	28	16
生长育肥猪舍	15～23	27	13

最适宜温度可用下式计算：$T = -0.06W + 26$，W 为体重（千克）。

3. 猪舍内相对湿度要求（表2-2）

表2-2　猪舍内相对湿度要求

猪舍类型	空气湿度/%	高临界湿度/%	低临界湿度/%
种公猪舍	60～70	85	50
空怀母猪舍	60～70	85	50
哺乳母猪舍	60～70	80	50
哺乳仔猪保温箱	60～70	80	50
保育猪舍	60～70	80	50
生长育肥猪舍	65～75	85	50

相对湿度太低，舍内容易飘浮灰尘，引发猪呼吸道疾病；相对湿度过高会使病原体易于繁殖。

4.通风对猪群的影响及通风指标参数

在猪舍建造中，温度与通风是密不可分的，猪舍通风量的大小将直接影响舍内环境温度。炎热的夏季，通风有助于猪体散热，对猪的健康和生产性能产生有利影响；冬季气流会增加猪体散热量，从而加剧冷应激（表2-3）。

表2-3　通风对猪群的影响及通风指标参数

猪舍类型	每小时通风量/（立方米/千克）			风速/（米/秒）	
	冬季	春秋季	夏季	冬季	夏季
种公猪舍	0.35	0.55	0.7	0.3	1
空怀、妊娠母猪舍	0.3	0.45	0.6	0.3	1
哺乳母猪舍	0.3	0.45	0.6	0.15	0.4
保育猪舍	0.3	0.45	0.6	0.2	0.6
生长育肥猪舍	0.35	0.50	0.65	0.3	1

5.猪舍空气卫生指标（表2-4）

表2-4　猪舍空气卫生指标

猪舍类型	氨/（毫克/立方米）	硫化氢/（毫克/立方米）	二氧化碳/（毫克/立方米）	细菌总数/（万个/立方米）	粉尘/（克/立方米）
种公猪舍	25	10	1500	6	15
空怀、妊娠母猪舍	25	10	1500	6	15
哺乳母猪舍	20	8	1300	4	12
保育猪舍	20	8	1300	4	12
生长育肥猪舍	25	10	1500	6	15

高效养猪全彩图解＋视频示范

五、粪尿的科学无害化处理

畜禽粪尿不仅含有大量畜体排泄废物，同时还含有部分未被消化的有机物质，有机物质排出体外进行腐败发酵，即产生有害物质（如H_2S、尿素、NH_3、有机酸类、吲哚等），不仅污染空气、水源及土壤，严重时还对畜禽和人的身体健康造成危害，特别是通风不好的畜舍极易造成畜禽的呼吸道疾病，使畜禽的生产力下降，造成饲养成本增加、畜牧业的经济效益降低，因此对畜禽粪尿进行无害化处理是非常必要的。

要达到畜禽粪尿无害化处理，并达到经济利用的目的，畜禽饲养场和畜禽养殖户要修建合理的畜舍（畜舍的修建参照标准化饲养场的建设标准），便于粪尿分离，形成液态（粪尿混合物）和固态（粪便）排泄物，便于集中收集处理。

1. 液态排泄物的处理

对于液态排泄物的处理只要修建化粪池就可以了。化粪池要修成砖石结构，并做防水处理，不要让粪水渗入土壤，造成对土壤的污染，上面要有盖子，池子1/3要修成底部相通隔，粪水排入2/3部分，经微生物发酵对粪尿中有机质的降解，使有机质转变成无机质，从而实现无害化。

2. 固态排泄物的处理

（1）堆放法——高效有机肥　就是将新鲜粪便进行集中堆放，通过微生物使粪便自行发酵产热，从而杀死寄生虫卵和有害微生物，使粪便无害化并形成有机肥料，也就是老百姓说的积肥。但这种方法与季节和堆放的时间有关，夏秋季节时间短些，冬春季节时间长些，如果温度低时间短没有发酵好，就不能有效杀灭寄生虫卵和有害微生物，不能使有害物质充分降解，容易对土壤和水源造成污染，所以这种处理方法要有足够的时间、合适的温度才能达到无害化处理的目的。

（2）制沼气——绿色清洁能源　利用畜禽的粪便制沼气，既达到粪便无害化处理的目的，又使粪便能源化，解决农村部分能源，绿色又环保。沼气池有多种样式，有砖石结构、玻璃钢结构、钢板结构等形式，根据条件和环境选择合适的结构。沼气形成的关键要素有适宜的温度、合适的发酵物、密闭的发酵池。沼气是通过微生物发酵产生的，微生物活动与温度有着密切的关系，原则上温度越高，微生物的代谢越旺盛，沼气产量越多，所以温度升高沼气的产量也相应提高。但温度不能超过40℃，40℃以上产气会下降甚至不产气。一般在8～50℃范围内都能产气，而最理想的产气温度是35～37℃，低于30℃高于40℃产气量都会下降。沼气发酵温度的突然升高或降低，都会对产气量造成明显影响，若温度变化过大，短时间超过10℃以上，产气几乎会停止。在北方，冬季会停止产气，可在沼气池内加装散热片，利用太阳能进行循环加热达到发酵温度，从而使沼气池四季产气。

（3）生物发酵——经济型饲料　生物发酵法就是利用微生物的发酵原理，对畜禽粪便进行生物发酵从而制成生物饲料。畜禽的粪便通过微生物（益生菌）的发酵，使粪便中的残余营养物质（也就是没有被完全消化的饲料）和大部分氨类转化成菌体蛋白，可作为水产养殖的饲料。通过加入益生菌发酵，不但能消灭粪便中的寄生虫卵，又能杀死有害的病原微生物，还能产生生物蛋白作为水产养殖的饲料，有较高的经济价值。

综上所述，畜禽粪便无害化处理的方向有三个方面：一是粪便生物有机肥化；二是粪便能源化；三是粪便饲料化。生物有机肥化：对于中小畜禽养殖场而言，我认为应根据养殖规模实施不同的运作模式，可简单堆放，也可向生物有机肥加工厂出售。对于大规模畜禽养殖企业，可通过一体化方式，建立生物有机肥厂，对畜禽粪便进行一条龙式资源化利用。能源化：制造沼气，大型畜禽养殖企业所产的沼气除自己使用外，还可向周边输送，既有经济效益，又解决绿色能源的供给问题，有效保护了环境，有广阔的发展前景。饲料化：作为水产养殖的低价饲料来源，目前发展较缓慢，但随着科学技术的发展和认识水平的提高，必将有较大发展潜力。可以预计，畜禽粪尿的无害化、资源化、效益化处理及综合利用是今后畜禽粪尿处理的主要方向，必将对我国农业的可持续发展、提高农产品的产量和质量、综合治理环境污染起到良好的推动作用。

六、病死猪的处理

任何猪场都会遇到病死猪，病死猪是疫病传播和扩散的重要传染源，不仅会对养猪业带来重大的经济损失，还会严重威胁人畜健康，故应对病死猪进行安全有效的处理。

1.病猪的隔离

针对规模养猪场养殖过程中出现的病猪（特别是周边有暴发性传染病发生时），包括食欲不振、嗜睡、走路不稳、肤色变深等症状，需要及时进行检查与隔离，对于有治疗价值的需及时处理。其次，需要合理用药和饲喂，针对不同的病因和情况，适度地保障病猪的生活条件与环境，尤其需要对其粪便等进行分类处理，不可与其他健康猪群混在一起，以免病菌的传播造成大面积的疫病传染。再次，制定科学的补助标准，并严格执行。对规模较大的猪场（户），尤其是可以达到年出栏50头以上的养殖户，需要给予一定的补贴。防止重大疾病在猪群中的传染，需对其进行病猪隔离、喂养、治疗等方面的知识普及和制度宣传，让其能够积极主动地根据具体情况进行检测、观察、隔离、治疗等方面的处理。

2.病死猪的无害化处理

针对已经死亡或者无法彻底治愈的病猪，需要进行无害化处理。对于那些规模较大的猪场（户）的病死猪需进行集中隔离和无害化处理。为了鼓励养殖户积极参与到病死猪的无害化处理中来，需制定适度的补助政策，避免病死猪造成新的污染。无害化处理的病死猪也包括需要进行强制扑杀的严重传染的病猪。

在出现烈性传染病需无害化处理的疫病后，需要首先通知相关部门，同时进行隔离，做好病死猪收集，建立收集台账。收集台账应包括如下内容：病死猪养殖场（户）名称、大小、类别及数量，并由养殖场（户）、收集人和辖区兽医等相关人员签字确认。在获得相关部门同意后，需要按规定及时进行无害化处理。针对不同规模猪场的无害化处理也可以延伸到自行处理模式领域，但更需要对其进行及时补贴和监管。需要规模猪场法定代表人（负责人）为所在场病死猪无害化处理严格落实安全管理措施，防止病死猪外流，并且及时建立病死猪无害化处理台账。监管部门需要指派兽医或由驻场兽医、处理人员和负责人（保险理赔员）共同签字确认病死猪情况以及补贴条件等。

病死猪无害化处理以集中处理为主。根据当地的规模猪场分布情况，有些养殖场也可以在具备条件的情况下对病死猪进行无害化处理，但是需要派人对病死猪的无害化处理以及之前的运输隔离情况进行监管和督察，防止病猪在运输过程中造成病菌扩散传播。自行处理模式下的规模养殖场必须建有规范的无害化处理相关的掩埋、焚烧设施，专门用于处理本场的病死动物。

在对已经病死的猪进行集中处理过程中，需要建立一套科学的程序，保证县级和乡镇、村级单位都可以及时进行无害化处理。建立无害化处理场，以就近原则对指定范围内的病死猪进行无害化处理，并做好无害化处理的时间、数量、来源等相关信息的登记。无害化处理场主要负责处理县域内的病死猪，包括相关的饲料、粪便等。发生疫病的养殖场，对猪舍等进行彻底的消毒也属于无害化处理的延伸范畴。无害化处理方式，除了建立专门的化尸池外，还可以通过焚烧深埋等方式处理。这一处理方法除了需要在事前进行大规模的挖坑外，还需要对病死猪尸体进行焚烧处理，焚烧处理是一项比较安全的措施。但需要结合实际情况，建立具有一定水平的焚烧场地，然后深埋，撒石灰消毒等。在掩埋地进行绿化、植树，确保长时间无人在此掘土或耕种。这种模式主要用于处理大量扑杀的染疫病猪或交通不便的散养户的病死动物。

3.病死猪无害化处理的核查和监管

在无害化处理病死猪过程中，需要对集中处理模式进行检查和监管，这是确保无害化处理工作落到实处的重要措施之一。对于集中处理单位的负责人需要将其定位为该单位进行无害化处理工作的第一责任人，对其无害化处理场内的收集、处理、核查以及相关资料、图片记录等情况负总责。

病死猪处理首要考虑无害化因素，但更需要各级政府、主管部门、养殖业主及其他相关单位和个人积极配合、监督，从而才能保障养殖业的健康发展、肉食品的安全供给、人们的饮食健康。

4.病死猪无害化处理设备（图2-9～图2-15）

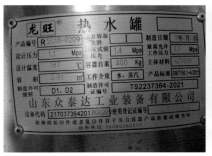

图2-9　热水罐

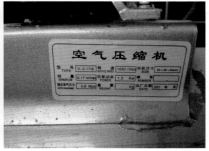

图2-10　空气压缩机

图2-11　除臭器

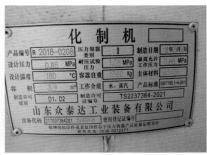

图2-12　化制机

图2-13　全自动消毒设备　　　　　　　　图2-14　臭氧设备

图2-15　病死猪无害化处理设备

第三章

猪的品种

第一节
引进猪的主要品种

一、长白猪

原名兰德瑞斯猪，世界上优秀的腌肉型猪种，原产于丹麦，由当地猪与大约克夏猪杂交育成。遍布世界各地，中国1964年开始引入。其全身白色，头狭长，背腰长，胸腰椎有22个以上，肋骨16对，后躯发达，大腿丰满，四肢高。生长发育快，饲料利用率高，皮薄，瘦肉多，但对饲养管理条件要求高（图3-1）。

图3-1　长白猪

1.历史渊源

世界上分布较广的著名猪种，瘦肉型，产于丹麦，原名兰德瑞斯猪。于1895年用英国大约克夏猪与丹麦当地白猪杂交选育而成。许多国家相继引入，选育出各自的兰德瑞斯猪种，如瑞系、荷系、德系、法系、英系、美系等。其外貌特征和生产性能大多与丹麦兰德瑞斯猪相似。长白猪1964年初次引入中国，已分布全国各地。因其体躯特长，毛色全白，故名长白猪。20世纪70年代起，我国许多省区开展瘦肉型猪种的选育，由于我国地方猪种的瘦肉率偏低，品种内选育的改良效果极其有限，很难通过选育达到目标，而饲养直接从国外引进的瘦肉型猪种，不仅需要资金多，而且也难以适应我国当时的饲养管理条件。于是，各省区在政府的支持和专家的指导下，运用育种理论，广泛开展猪的杂交育种，以实现选育适合我国国情的本土瘦肉型猪种的目标。在这个过程中，几乎都是选用长白猪与我国的地方猪种进行多种形式的杂交，如简单杂交、轮回杂交、级进杂交等，通常用含长白猪血缘多少来表示。由于长白猪瘦肉率高，而且能有效提高杂种后代的瘦肉率，所以各地选育的培育猪种通过不同形式的杂交后，都可以出现选育目标的理想后代，再通过育种过程达到选育中国本土瘦肉型猪的目的，如当时选育的三江白猪（黑龙江）、湖北白猪（湖北）等。20世纪80年代开始，国家实施"菜篮子"和瘦肉型猪项目开始至今，每年几乎都有不同的养猪场从各国引进长白猪。

2.外貌特征

全身被毛白色。体躯呈楔形，前轻后重，头小鼻梁长，两耳大多向前平伸，胸宽深适度，背腰特长，背线微呈弓形，腹线平直，后躯丰满，乳头7～8对。成年体重，公猪250～350千克，母猪约250千克。母猪产仔数11头左右，生长育肥猪6月龄体重达90千克，屠宰率达74%，胴体瘦肉率63%～64%。多用于培育瘦肉型品种（系）和生产商品瘦肉型猪的杂交父本。

3. 繁殖性能

母猪初情期170～200日龄，适宜配种的日龄230～250天，体重120千克以上。母猪总产仔数，初产9头以上，经产10头以上；21日龄窝重，初产40千克以上，经产45千克以上。

4. 生产性能

180日龄以下达100千克体重，饲料转化率2.8：1以下，100千克体重时，活体背膘厚15毫米以下，眼肌面积30平方厘米以上。

5. 胴体品质

100千克体重屠宰时，屠宰率72%以上，背膘厚18毫米以下，眼肌面积35平方厘米以上，后腿比例32%以上，瘦肉率62%以上。肉质优良，无灰白、柔软、渗水、暗黑、干硬等劣质肉。

6. 种用价值

体形外貌符合本品种外貌特征。外生殖器发育正常，无遗传疾病和损征，有效乳头数6对以上，排列整齐。种猪个体或双亲经过性能测定，主要经济性状，即总产仔数、达100千克体重日龄、100千克体重活体背膘厚的EBV值（估计育种值）资料齐全。种猪来源及血缘清楚，档案系谱记录齐全。健康状况良好。种猪要求符合种用价值的要求。有种猪合格证，耳号清楚可辨，档案准确齐全，有质量鉴定人员签字。按照国家要求出具检疫证书。不仅纯种长白猪生产性能优秀，当用来与其他猪种杂交时，也有良好的性能表现，可以有效地提高后代的产仔数，降低背膘厚度。在现代养猪生产中，长白猪是任何杂交组合中不可缺少的猪种，无论那一个配套系也离不开长白猪。在引进猪种中，长白猪是优秀的母本猪种，也可以用作父本猪种与地方猪种杂交，提高生产性能，生产商品肉猪。

7. 优缺点

优点：长白猪具有生长快、饲料利用率高、瘦肉率高等特点，而且母猪产仔较多，奶水较足，断奶窝重较高。于20世纪60年代引入我国后，经过几十年的驯化饲养，适应性有所提高，分布全国。缺点：体质较弱，抗逆性差，易发生繁殖障碍及裂蹄。在饲养条件较好的地区以长白猪作为杂交改良第一父本，与地方猪种和培育猪种杂交，效果较好。

二、约克夏猪（大白猪）

约克夏猪原产于英国北部约克郡及其临近地区。分大、中、小三型，小型猪已经淘汰，中约克夏猪亦称中白猪，大约克夏猪亦称大白猪，是肉用型猪。大白猪是国外饲养量最多的品种，也是我国最早引进、数量最多的猪种（图3-2）。

图3-2　约克夏猪

1.历史渊源

最广的猪种。原产于英国约克郡及其周边地区。由当地猪与含有中国猪血统的白色莱塞斯特猪杂交育成。中、小型猪已减少或近乎绝迹，大型猪因繁殖力强、背膘薄、瘦肉多、肉质好而遍布世界各国。中国于20世纪初期和中期多次引进，与地方猪杂交，效果很好。大约克夏猪又称大白猪，因其体格大、增重快被引至很多国家。我国湖北、湖南、浙江、江西、河南、辽宁等省饲养头数较多。我国大约克夏猪（又称大白猪）是腌肉型的代表品种。

2.外貌特征

大白猪全身白色，头颈较长，面宽微凹，耳中等大直立，体长背平直，胸深宽，臀部丰满，四肢粗壮且较长。据铁岭种畜场测定，3头24月龄公猪，平均体重262千克，体长169厘米；成年母猪4头，平均体重224千克，体长168厘米。

3.繁殖性能

初产母猪产仔数9.5～10.5头，产活仔数8.5头以上，初生窝重10.5千克以上，35日龄育成数7.2头以上，窝重57.6千克以上，育成率88%以上；经产母猪产仔数11～12.5头，产活仔数10.3头以上，初生窝重13千克以上，35日龄育成数9头以上。窝重83.7千克以上，育成率92%以上。

4.生产性能

180日龄以下达100千克体重，饲料转化率2.8∶1以下。100千克体重时，活体背膘厚15毫米以下，眼肌面积30平方厘米以上。

5.胴体品质

100千克体重屠宰时，屠宰率70%以上，背膘厚18毫米以下，眼肌面积30平方厘米以上，后腿比例32%以上，瘦肉率62%以上。肉质优良，无灰白、柔软、渗水、暗黑、干硬等劣质肉。

6.种用价值

体形外貌符合本品种外貌特征。外生殖器发育正常，无遗传疾病和损征，有效乳头数6对以上，排列整齐。种猪个体或双亲经过性能测定，主要经济性状，即总产仔数、达100千克体重日龄、100千克体重活体背膘厚的EBV值（估计育种值）资料齐全。种猪来源及血缘清楚，档案系谱记录齐全，健康状况良好。

7.优缺点

优点：体格壮，适应性好，在我国广大地区都能正常生长发育。生长发育快，饲料利用率高，胴体瘦肉率高，杂交效果好。缺点：头颈较重，肚腹稍大，肉质口感一般。

三、杜洛克猪

原产于美国,其特征为颜面微凹,耳下垂或稍前倾,腿臀丰满。被毛淡金黄色至暗棕红色。成年公猪体重340～450千克,母猪300～390千克。每胎约产仔10头,母性强。性情温驯,生长快,肉质好,作为杂交父本或母本能显著提高后裔的生产性能。现居美国纯种猪登记总头数中的首位,广泛分布于世界各国,并已成为中国杂交组合中的主要父本品种之一,用以生产商品瘦肉猪(图3-3)。

图3-3 杜洛克猪

1.历史渊源

由产于新泽西州的泽西红猪和纽约州的杜洛克猪杂交选育而成。原属脂肪型,20世纪50年代后被改造成为瘦肉型。其现居美国纯种猪登记总头数中的首位,广泛分布于世界各国,并已成为中国杂交组合中的主要父本品种之一,用以生产商品瘦肉猪。

2.外貌特征

杜洛克种猪毛色棕红,体躯高大,结构匀称紧凑、四肢粗壮、胸宽而深,背腰略呈弓形,腹线平直,全身肌肉丰满平滑,后躯肌肉特别发达。头大小适中、较清秀,颜面稍凹陷、嘴短直,耳中等大小,向前倾,耳尖稍弯曲,蹄部呈黑色。杜洛克猪头较小而清秀,脸部微凹,耳中等大小,略向前倾。腰身长,腿臀丰满、被毛暗红。公猪包皮较小,睾丸匀称突出,附睾较明显。母猪外阴部大小适中,乳头一般为6对,母性一般。

3.繁殖性能

杜洛克初产母猪产仔9头左右，经产母猪产仔10头左右，仔猪初生窝重，初产10.1千克，二产11.2千克，个体初生重1.3千克。杜洛克母猪母性较强，育成率高。第一个发情周期平均为21.2天，范围是17～19天，第1～第5个发情周期平均为21.7天，范围是15～29天。平均妊娠期为114.1天。

4.生产性能

杜洛克猪是生长发育最快的猪种，育肥猪25～90千克阶段日增重为700～800克，肉料比为2.5～3.0；170日龄以内就可以达到90千克体重；90千克屠宰时，屠宰率为72%以上，胴体瘦肉率达61%～64%；肉质优良。

5.优缺点

优点：杜洛克猪体质结实，适应性强。在我国广大农区无不良反应。生长发育特别快，育肥期日增重700～800克，尤其是在育肥后期，日增重超过1000克，它在美国是众猪之首，在中国也表现良好。另外，杜洛克猪与长白猪相比，较耐粗放饲养。具有生长快、饲料转化率高、胴体品质好、眼肌面积大、瘦肉率高、抗逆性强、肉质优良等优点，但肌肉内脂肪含量高。70日龄至100千克日增重750克。180日龄以下达100千克体重，饲料转化率2.8：1以下，100千克体重活体背膘厚15毫米以下，眼肌面积30平方厘米以上。屠宰率70%以上，后腿比例32%，胴体瘦肉率62%以上。肉质优良，无灰白、柔软、渗水、暗黑、干硬等劣质肉。

缺点：产仔数偏低。在饲料条件稍差的情况下，胴体瘦肉率很快下降。

四、汉普夏猪

原产于美国肯塔基州，是美国分布最广的猪种之一。优点是背最长肌和后躯肌肉发达，瘦肉率高。早期曾被称为"薄皮猪"，1904年起改称现名。19世纪30年代首先在美国肯塔基州建立基础群，20

世纪初叶普及到玉米带各州。现已成为美国三大瘦肉型品种之一（图3-4）。

图3-4 汉普夏猪

1.历史渊源

早在1936年已经引入中国，并与江北猪（淮猪）进行杂交试验。汉普夏猪平均产仔数达9.78头，母性好，体质强健，生长快，较早熟，是较好的母本，在迪卡配套繁育体系，就较好地利用了这一特性。这一猪种，在全国各地除外贸基地利用较多外，其他猪场利用较少。

2.外貌特征

汉普夏猪全身被毛黑色，前肢白色，后肢黑色。最大特点是在肩部和颈部接合处有一条白带围绕，包括肩胛部、前胸部和前肢，呈一白带环，在白色与黑色边缘，由黑皮白毛形成一灰色带，故又称银带猪。嘴较长而直，耳中等大小而直立，体躯较长，背腰粗短，体躯紧凑，微呈弓形，后躯臀部肌肉发达，性情活泼。

3.繁殖性能

成年公猪体重315～410千克，母猪250～340千克。性情活泼，稍有神经质，但并不构成严重缺点。产仔数较少，平均约9头，但仔猪壮硕而均匀。母性良好。发情周期15～29天，一般18～22天。平均产仔8.2头，初生窝重平均11.2千克，平均每头重1.3千克。妊娠期平均114天，范围112～117天。

4.生产性能

在良好的饲养条件下，6月龄体重可达90千克，日增重600～650克，饲料转化率3.0：1左右，90千克体重屠宰率为71%～75%，胴体瘦肉率为60%～62%。母猪6～7月龄开始发情，经产母猪每胎产仔8～9头。

5.胴体品质

屠宰率为74.5%，板油重1.8千克，胴体重82千克，6～7肋膘厚3.7厘米，眼肌面积40.5平方厘米，瘦肉率58%，肥肉率23.1%，骨10.1%，皮8.8%。

6.种用价值

汉普夏猪的杂交利用虽不十分广泛，但在一些地方也取得了良好效果。汉普夏猪作为终端父本，其二元和三元杂交育肥猪瘦肉率显著提高，优于杜洛克猪和大约克夏猪，但杂种猪生长速度较慢。

7.优缺点

该品种主要优点是胴体瘦肉率高，后腿丰满。其缺点是繁殖力不佳、适应性差，但仍不失为世界著名的瘦肉型父本品种。

五、皮特兰猪

皮特兰猪是起源于瓦隆的家猪品种。皮特兰猪的名称Piétrain来自若多尼厄的一个乡村名。皮特兰猪在1950—1951年生猪市场最困难的时期非常流行。1960—1961年，皮特兰猪被引入德国。这一品种在德国主要分布在石勒苏益格-荷尔斯泰因、北莱茵-威斯特法伦、巴登-符腾堡。2004年，列日大学对皮特兰猪进行改良并研究出应激综合征基因阴性的皮特兰猪。皮特兰猪原产于比利时的布拉帮特省，是由法国的贝叶杂交猪与英国的巴克夏猪进行回交，然后再与英国的大白猪杂交育成的。主要特点是瘦肉率高，后躯和双肩肌肉丰满（图3-5）。

图3-5　皮特兰猪

1.外貌特征

皮特兰猪毛色呈灰白色并带有不规则的深黑色斑点，偶尔出现少量棕色毛。头部清秀，颜面平直，嘴大且直，双耳略微向前；体躯呈圆柱形，腹部平行于背部，肩部肌肉丰满，背直而宽大。体长1.5～1.6米。

2.繁殖性能

公猪一旦达到性成熟就有较强的性欲，采精调教一般一次就会成功，射精量250～300毫升，精子数每毫升达3亿个。母猪母性不亚于我国地方品种，仔猪育成率在92%～98%。母猪的初情期一般在190日龄，发情周期18～21天，每胎产仔数10头左右，产活仔数9头左右。

3.生产性能

在较好的饲养条件下，皮特兰猪生长迅速，6月龄体重可达90～100千克。日增重750克左右，每千克增重消耗配合饲料2.5～2.6千克，屠宰率76%，瘦肉率可高达70%。

4.种用价值

由于皮特兰猪产肉性能高，多用作父本进行二元或三元杂交。用皮特兰公猪配上上海白猪（农系），其二元杂种猪育肥期的日增重可达650克，体重90千克屠宰，其胴体瘦肉率达65%；皮特兰公猪配梅山母猪，其二元杂种猪育肥期日增重685克，饲料转化率为2.88：1，体重90千克屠宰，胴体瘦肉率可达54%左右。用皮特兰公猪配长×上（长白猪配上海白猪）杂交母猪，其三元杂种猪育肥期日增重730克左右，饲料转化率为2.99：1，胴体瘦肉率65%左右。由于皮特兰猪的高产肉性能，受到越来越多的养殖户、养殖厂家的青睐。当前，随着互联网的发展，生猪交易市场逐渐电子商务化，众多养殖场通过B2B电子商务网站进行皮特兰猪的引种繁育，作为父本进行二元、三元杂交或纯种繁育。

5.优缺点

优点：皮特兰猪瘦肉率高，瘦肉率可高达70%，后躯和双肩肌肉丰满，是目前世界上胴体瘦肉率最高的猪种；在较好的饲养条件下，皮特兰猪生长迅速；公猪一旦达到性成熟就有较强的性欲，采精调教一般一次就会成功。

缺点：抗应激能力差，有可能打疫苗就把猪打死；皮特兰初产母猪较易发生难产（经产母猪很少发生），原因是后躯肌肉丰满，产道开张不全；皮特兰猪前后肢负重大，四肢较细，且不喜欢运动，容易出现腿病。

第二节
引进的主要配套系猪

随着经济的发展，基于养猪产业自身对生产效率的要求不断提高，食品加工产业对商品猪的规格、质量不断提出新的要求，因此就需要新的猪种满足这种要求，我国政府及养猪企业，紧跟世界猪业发展新趋势，借鉴国外发展瘦肉型猪的经验，不失时机地把国外优秀的配套系猪种引进来，促进了我国瘦肉型猪的发展。

配套系是为了使期望的性状取得稳定的杂种优势而利用各品种猪建立的繁育体系，或者简称配套系就是一个繁育体系。这个体系基本由原种猪、祖代猪、父母代猪以及商品代猪组成，其中的原种猪又称为曾祖代猪。

配套系猪的繁育体系结构基本如下：

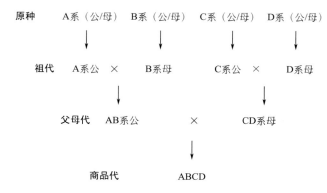

这是一个典型的四系配套模式，在配套系猪育种的实践中，可以基于以上模式有多种形式，或多于四个系，如五个系的PIC配套系猪、斯格配套系猪，或少于四个系，如三个系的达兰配套系猪。

配套系猪通常由3～5个专门化品系组成，各专门化品系基本来源于前面介绍的几个品种猪（如长白猪、大白猪、杜洛克猪、皮特兰猪等），各猪种改良公司分别把不同的专门化品系用英文字母或数字代表。随着育种技术的进步，各专门化品系除了上述纯种猪之外，近年来还选育了合成类型的原种猪，这样的专门化品系选育过程基本经历了猪种改良公司的选育，分别按照父系和母系的两个方向进行选育，父系的选育性状以生长速度、饲料转化率和体形为主，而母系的选育以产仔数、母性为主。这些理论为培育专门化品系指明了方向，在养猪业中，品种概念逐渐被品系概念所替代。

配套系猪都在比较大型的猪种改良公司选育，这些公司规模较大，经济实力强，猪种资源丰富，技术先进，目标市场明确。目前国内饲养的引进配套系猪种有PIC配套系、斯格配套系、迪卡配套系、托佩克配套系等。

高效养猪全彩图解＋视频示范

一、PIC配套系

1. PIC配套系猪出品公司简介

PIC配套系猪是由PIC种猪改良国际集团出品，该公司1962年成立于英国，是世界上最早专业从事种猪改良的公司之一。经过近50年的发展，PIC在全球设立了30多个合作公司，年销售种猪300多万头，是全球最大的种猪改良公司。PIC公司之所以能长期在全球销量领先，是因为PIC公司的技术领先、产品性能领先以及服务领先。

2. PIC公司的优势

（1）研究机构最强：PIC公司拥有两个独立的研发机构，分别是位于美国肯塔基州的PIC法兰克林研发中心和设在英国剑桥大学内的PIC剑桥研发中心。

（2）研发人员最多：PIC公司的100多位专业技术人员中，有25位分子生物学家、25位数量遗传学家、20位兽医及营养学家、15位繁殖及肉品学家，他们中的50多位具有博士学位，有些还是所在领域的知名专家。

（3）研发投入最多：每年研发投入超过2500万美元，其中一半来自PIC公司的直接投入，另一半则来自独立申请或与大学和研发机构联合申请获得的各类研究项目。

（4）研发成果最多：PIC公司已在美国获得200多项专利，许多养猪领域的知名技术就是PIC公司首先获得专利的。在PIC的发展历程中，有许多重大的技术突破，如用药物辅助早期断奶技术（1977），隔离早期断奶技术（1988），应激敏感基因的检测（1990），控制产仔数基因（1994）、毛色基因（1996）、肉质基因（1997）、生长速度及采食量相关基因（2000）、瘦肉基因（2001）等的发现与应用。

（5）供选择利用的品种（系）最多：PIC走专门化品系（种）选育的技术路线，每个品系（种）的选育目标明确，重点突出，从而使选择效果明显。通过长期的选育，PIC公司培育了20多个各具特色的纯系（种）。这些纯系（种）的不同组合，可以满足不同地区、不同条件、不同消费特点的客户要求。

（6）供选种的群体最大：PIC公司进行全球范围的联合育种，在全球50多个核心场中建立紧密的遗传联系，从而使供选种的群体得到了最大化。

（7）性能测定数量最多、系谱信息最全：PIC的信息系统（PICtraq）中，有900多万头猪的性能测定记录，有27个世代的完整系谱，每天要对230万头猪估计育种值，涉及的性状多达45个。

（8）杂交优势利用最充分：PIC五元杂交体系使杂交优势利用更充分，比三元杂交多利用了祖代杂交优势和终端公猪的父本杂交优势。

（9）分子标记应用最多：PIC选种中常规应用的分子标记已达185个（截至2007年3月31日），另外有大量的候选分子标记（＞15000）在测试和检验之中。标记已被整合进育种值估计，形成了PIC所特有的标记辅助BLUP。

（10）最客户化的育种：PIC有客户化的选择指数，可以满足客户的特殊需要，加上PIC猪在综合经济效益上优势明显，从而特别受到大型养猪企业的欢迎。如美国最大的30家养猪企业（合计占全美母猪数及育肥猪数的一半以上）中，有26家使用PIC品种，使用量占这30家企业使用种猪总数量的50%以上。

3. PIC配套系猪

五系配套，商品代含有大白猪、长白猪、杜洛克猪（白毛猪）、皮特兰猪（已去除氟烷基因），甚至还有中国梅山猪的血统，通过庞大的群体，进行选优和提纯，选育出基因型纯合的纯种繁育群，组成一个核心群，再经过杂交组合、配合力测定，得出最佳组合，其充分利用了母体和个体杂交优势，稳定了遗传性状。PIC是一个完整的体系，而PIC商品猪是其先进系统的终极产物。PIC种猪与普通的大白猪或长白猪或杜洛克猪相比更有优越性，相应地它对饲养管理要求较高成为一个瓶颈，不过通过近几年的研究和试验，PIC种猪在国内生长的抗逆性越来越强，生长性能、繁殖性能、肉品质方面表现非常优秀。总而言之，PIC种猪是养猪业发展的必然趋势（图3-6）。

图3-6　PIC配套系猪

4. PIC猪杂交体系

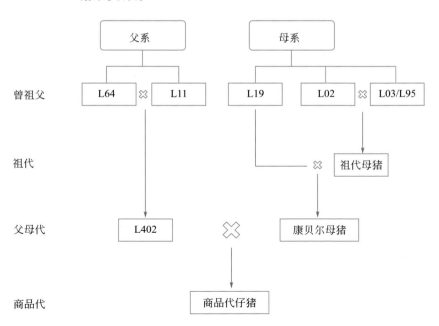

5. PIC种猪繁殖性能

经产母猪平均产活仔数11.4头，28天断奶头数10.1头，28天断奶个体均重7.9千克，母猪年产胎数2.3胎，每头母猪每年提供断奶仔猪头数（PSY）23.20头。

繁殖优势说明如下。

（1）PIC母猪每胎比其他母猪多产1.2头仔猪。

（2）每年每头母猪多产2.7头。

（3）母猪优良和充足的奶水保证了仔猪的高成活率。

6. PIC五元商品猪的生长性能

商品仔猪体重在7.5～25千克时日增重430克，料重比1.6∶1；商品育肥猪体重在25～50千克时日增重670克，料重比2.4∶1；商品育肥猪体重在50～100千克时日增重980克，料重比2.8∶1；商品育肥猪体重达到100千克所需时间为156天。

生长优势说明如下。

（1）全期PIC猪料肉比比杜长大低0.2，共节约饲料18.5千克左右。

（2）PIC五元配套系商品猪可早13天出栏，提高了猪场设备和人员利用率，相应降低了饲养成本。

7. PIC五元杂交商品猪的屠宰性能（表3-1）

表3-1　PIC五元杂交商品猪的屠宰优势

测定项目	PIC五元配套系商品猪	其他三元商品猪	PIC的优势
测定头数/头	636	695	
宰前重/千克	98.50	93.90	+4.6
胴体重/千克	72.40	68.30	+4.10
屠宰率/%	72.50	70.70	+1.80
瘦肉率/%	65.70	62.00	+3.70
背膘厚/厘米	1.85	2.54	−0.69

肉质优势说明如下。

（1）屠宰率提高了1.8%。

（2）PIC独有的瘦肉基因专利技术效果明显。

（3）生猪体重超过100千克仍保持高屠宰率、高瘦肉率和薄背膘。

二、斯格配套系

1.斯格配套系猪出品公司简介

斯格配套系猪是欧洲国家比利时斯格遗传技术公司选育的种猪，欧洲许多国家的养猪生产水平比较高，在猪种改良方面处于领先地位，选育了一些优秀的猪种，前面介绍的长白猪、大白猪和皮特兰猪的原产地都是欧洲。荷兰、比利时和法国等国家开展配套系猪较早，比利时斯格遗传技术公司是配套系猪育种公司之一。

斯格公司自20世纪60年代就开始了配套系猪育种工作，当时称为混交种。开始时，公司从世界各地，主要从欧美等国先后引进20多个猪的优良品种或品系作为遗传材料，采用先进的设备和育种技术，经过大规模、系统的性能测定、亲缘繁育、杂交试验和严格选择，分别育成了若干个专门化父系和母系。父系主要选育育肥性能、肉质等性状，母系在与父系主要性状同质基础上，主要选择繁殖性能，各专门化品系既不能面面俱到，更不可能相差甚远，这是配套系猪选育的技巧所在。公司利用这些专门化品系作为核心群，进行持续的继代选育，不断地提高各品系的性能，并推出配套系猪组合，当时称为犀牛混交种。

公司根据我国市场的实际情况，通过国内的合资种猪场选择引进23系、33系这两个父系和12系、15系、36系这三个母系的原种，组成了斯格五系配套的繁育体系，从而我国开始在原种水平上的斯格配套系猪的饲养和选育。

2.斯格配套系猪

目前育成的4个专门化父系和3个专门化母系可供世界上不同地区选用。作为母系的12系、15系、36系三个纯系繁殖力高，配合

力强，杂交后代品质均一。它们作为专门化母系已经稳定了近20年。作为父系的21系、23系、33系、43系则改变较大，其中21系产肉性能极佳，但因为含有纯合的氟烷基因利用受到限制。其他的三个父系都不含氟烷基因，23系的产肉性能极佳；33系在保持了一定的产肉性能的同时，生长速度很快；43系则是根据对肉质有特殊要求的美洲市场选育成功

图3-7　斯格配套系猪

的。河北斯格种猪有限公司根据中国市场的需要选择引进23系、33系这两个父系和12系、15系、36系这三个母系组成了五系配套的繁育体系，从而开始在我国繁育推广斯格瘦肉型配套系优种猪和配套系杂交猪（图3-7）。

3. 斯格配套系猪配套模式与繁育体系

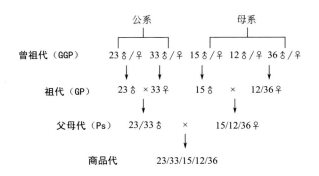

4. 斯格配套系的繁殖性能

母系36：具备高繁殖性能，产仔11.5～12.5头。

母系12：与36系产活仔数性状的配合力好，提高1头左右，具有高繁殖性能，产仔11～12头。

母系 15：与祖代母系母猪 12/36 产活仔数性状的配合力好，产活仔数再提高 0.5 ~ 1 头，产仔 11 ~ 12.5 头。

祖代母猪：一生产仔平均 6.8 胎，比基础母系 36 系提高 1 头左右，产仔 12 ~ 13 头。

父母代母猪：产仔 12.5 ~ 13.5 头，年产仔 2.3 ~ 2.4 胎，每头母猪年育成断奶仔猪 23 ~ 25 头。

5.斯格配套系的生长性能

生长快，25 ~ 100 千克阶段日增重 900 克以上，育肥期饲料转化率为 2.4 ∶ 1。70 日龄体重为 29.4 千克，出栏日龄 152 天。出栏体重达到 101.9 千克。育肥期日增重 876.6 克。

6.斯格配套系的屠宰性能

屠宰率 75% ~ 78%，瘦肉率 66% ~ 67.5%，肉质好，肌内脂肪 2.7% ~ 3.3%，达到较高水平。6 ~ 7 肋处膘厚在体重 106.3 千克时仅 12.2 毫米，瘦肉率达到 67.23%。眼肌面积 53.79 平方厘米。

三、迪卡配套系

1.迪卡配套系猪出品公司简介

迪卡配套系猪是美国迪卡公司培育出来的优秀配套系猪，包括原种猪（GGP）、祖代种猪（GP）、父母代种猪（PS）以及商品代肉猪。迪卡猪是美国迪卡公司培育的配套系猪的总称，迪卡是美国的地名。配套系指的是由多个优良猪种根据各自具有的优良性状，在复杂选育基础上，运用杂交试验方法建立起来的、能够稳定取得最大杂种优势的一个体系。配套系猪种与传统的猪种（如长白猪、大白猪等）不同，它不属于品种的概念。

2.迪卡配套系猪

迪卡配套系原种猪包括 5 个专门化品系，分别用英文字母 A、B、C、E、F 代表，迪卡配套系祖代种猪包括四个品系，其中 3 个纯系（A 系公猪、B 系母猪、C 系公猪）与原种相同，另一个合成系母猪用英文字母D代表，迪卡配套系父母代种猪包括一个合成系公猪，用英文字母AB代表，另一个合成系母猪用英文字母CD代表（图3-8）。

图3-8　迪卡配套系猪

3.迪卡配套系猪配套模式与繁育体系

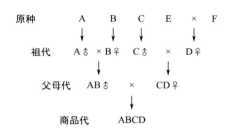

4.迪卡配套系猪的繁殖性能

（1）祖代种猪　A♂×B♀组合总产仔数7～9头，产出活仔数7～8头，仔猪在21日龄窝重36～38千克。

C♂×D♀组合总产仔数8～11头，产出活仔数8～11头，仔猪在21日龄窝重57～60千克。

（2）父母代种猪　AB♂×CD♀组合总产仔数9～10头，产出活仔数8～10头，仔猪在21日龄窝重42～48千克。

5.迪卡配套系猪的生长性能

（1）祖代种猪　A系63日龄时19～20千克，90日龄时32～35

千克，150日龄时82～89千克，90千克体重时日龄为151～159天，63～150日龄阶段饲料转化率为2.8：1。

B系63日龄时19～20千克，90日龄时36～38千克，150日龄时78～85千克，90千克体重时日龄为157～166天，63～150日龄阶段饲料转化率为2.8：1。

C系63日龄时20～22千克，90日龄时37～39千克，150日龄时82～90千克，90千克体重时日龄为150～160天，63～150日龄阶段饲料转化率为3.0：1。

D系63日龄时21～22千克，90日龄时38～42千克，150日龄时82～85千克，90千克体重时日龄为157～162天，63～150日龄阶段饲料转化率为3.2：1。

（2）父母代种猪　AB系63日龄时23～29千克，150日龄时89～96千克，90千克体重时日龄为141～150天，30～90千克阶段饲料转化率为2.63：1。

CD系63日龄时20～26千克，150日龄时86～92千克，90千克体重时日龄为147～158天，30～90千克阶段饲料转化率为2.54：1。

6.迪卡配套系猪的屠宰性能

（1）祖代种猪　A系150日龄时活体指标：膘厚15～17毫米，眼肌面积29～31平方厘米，估计瘦肉率62%～65%。

B系150日龄时活体指标：膘厚15～17毫米，眼肌面积30～33平方厘米，估计瘦肉率58%～61%。

C系150日龄时活体指标：膘厚14～17毫米，眼肌面积30～31平方厘米，估计瘦肉率61%～64%。

D系150日龄时活体指标：膘厚16～19毫米，眼肌面积28～31平方厘米，估计瘦肉率60%～62%。

（2）父母代种猪　AB系150日龄时活体指标：膘厚19～22毫米，眼肌面积38～43平方厘米，估计瘦肉率57%～62%。

CD系150日龄时活体指标：膘厚16～24毫米，眼肌面积35～37平方厘米，估计瘦肉率56%～61%。

四、托佩克配套系

1. 托佩克配套系猪出品公司简介

托佩克是全球领先的猪育种和人工授精公司。在全世界托佩克拥有超过150000头祖代母猪，保证了托佩克每年能生产1100000头父母代母猪和超过6000000支精液。这使托佩克成为全球最大的种猪供应商之一。托佩克种猪公司总部位于荷兰，其在荷兰的市场占有率超过了85%。在整个欧洲，托佩克在养猪领域也是占主导地位的。托佩克活跃于全球50多个国家。通过在各国建立子公司、合作企业和经销商，托佩克占尽地利，能充分满足世界各地的市场需求。托佩克在全球许多养猪业发达的国家都有基因业务。在这些国家中，托佩克要么是市场领导者，要么是重要的种猪供应商。托佩克也拥有自己的核心场，这能为国内以及国际市场提供适应当地生长环境的优质种猪。托佩克代表种猪改良。这意味着，研究、创新和种猪改良是托佩克公司的基石。托佩克通过与世界上优秀的大学和研究机构合作来实现项目研究与发展。通过不断地改良产品，托佩克帮助客户达到最高生产水平。

2. 托佩克配套系猪

托佩克种猪配套系目前在中国上市的种猪包括SPF纯种大白A系、纯种皮特兰B系和终端父本E系公猪（图3-9）。

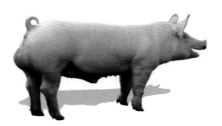

图3-9　托佩克配套系猪

3. 托佩克配套系猪配套模式与繁育体系

托佩克致力于种猪的平衡育种，保证母猪良好的繁殖性能的同时，考虑新生仔猪的活力；保证商品猪生长速度快的同时，兼顾良好的肉质、肉色、屠宰率。

托佩克A系：A系是在纯种大白猪的基础上选育的，具有母性强、产仔数高、仔猪成活率高、瘦肉率高的特点。因此A系主要以其繁殖能力强作为育种目的，一般作母系的母本。

托佩克B系：B系被公认为优秀的母系父本，具有100%应激阴性，在育种目标上75%为繁殖能力（体现在窝产仔数高和哺乳期成活率高），25%为育肥能力（即生长快、背膘薄和肉质好）。

托佩克T40系：A系母猪用B系公猪配种，后代为T40系（F1代），其特点是发情明显、肢体结实、采食量高、泌乳力强、母性强、产仔数高、仔猪成活率高、使用年限强、100%应激阴性、生产性状稳定，全世界范围内每年平均提供断奶仔猪数25.2头，被誉为"产仔冠军"。

托佩克E系：E系具有初生仔猪活力强、采食量高、肢体强壮、仔猪均匀度高、优秀的育肥性状、饲料转化率高、育肥猪上市均匀的特点。

4.托佩克配套系的繁殖性能

父母代母猪发情明显，母性好、产仔数高、仔猪成活率高、泌乳力强、使用年限长，全世界范围内每年提供断奶仔猪25.2头，父母代母猪平均产仔12.7头以上，是不容置疑的"产仔冠军"。

（1）托佩克父母代猪（TOPIGS40系）生产性能　具有发情明显，泌乳力强，性情温驯，母性强，产仔高，仔猪成活率高，生产性状稳定的特点。在对畜禽良种场（饲养84头），养殖示范村40户（饲养88头）农户的饲养统计，发情期配种数345胎，受胎数290胎，发情期受胎率85%，平均每胎产仔12.29头，产活仔11.29头，平均每窝断奶成活仔猪10.6头。饲养条件：采用人工授精，母猪料用浓缩料按配方自配，使用乳猪料、仔猪料补饲，畜禽良种场采用28日龄断奶，农户42日龄断奶。

（2）商品代猪生产性能　生长速度快，饲料转化率高，上市体重均匀。根据畜禽良种场对112头育肥猪的试验，托佩克商品代猪，从出生到161日龄（23周龄）平均重105.4千克，日增重645克，料肉比2.5：1。育肥阶段从32.5千克到105.4千克，饲养时间84天，日增重867克，料肉比2.81：1，表现出较好的生长速度和饲料转化率。

5.托佩克配套系猪的生长性能

托佩克种猪生产的商品猪生长速度快，腿壮，采食量高，25日龄断奶仔猪体重可达10千克，商品猪料肉比2.5：1以下；150日龄体重超过115千克，群体整齐，个体差异小、皮薄，非常易于饲养，与目前大部分商品猪相比，该品种猪可提前20天出栏。

第三节
我国优良的地方品种

我国幅员辽阔，由于自然条件及社会经济条件的差异，不同地区之间形成了很多独具特色的地方猪种，如繁殖力极高的太湖猪，皮薄骨细、适于腌制火腿的金华猪，体形矮小、早熟易肥、适于做烤乳猪的香猪，适应性强、瘦肉率高的荣昌猪，抗寒高产的东北民猪和适应恶劣气候条件的藏猪等。据不完全统计，我国地方猪种有100余种。这里仅介绍一些有代表性的猪种。

一、东北民猪

图3-10 东北民猪

东北民猪分布在东北三省及河北、内蒙古等地。该品种猪以适应性强、繁殖性能高而闻名，在我国猪新品种的选育及北方地区养猪生产中起到了重要作用，并先后被引至日本、美国（图3-10）。

1. 体形外貌

东北民猪头中等大小，面部直长，耳大下垂，体躯扁平，背部狭窄，臀部倾斜，四肢粗壮，腹部下垂。全身被毛黑色，毛密而长，冬季长毛下密生绒毛，猪鬃多而长，乳头7～8对。

2. 生产性能

东北民猪增重速度较慢，平均日增重460克左右，90千克屠宰胴体瘦肉率46%，这在我国地方猪种中是较高的。东北民猪繁殖性能高，经产母猪平均产仔13.5头，母猪哺育能力强，母性好，发情症状明显。

3. 杂交利用

由于东北民猪繁殖性能高，适应性强（在–15℃条件下可正常产仔和哺乳），故多用其作杂交母本，与长白猪、大白猪、杜洛克猪及哈白猪进行二元、三元杂交，都可获得较好的杂交效果。除东北地区外，华北地区也有用作杂交母本。

二、马身猪

马身猪因其身形似马而得名，按体格大小分为大马身、二马身（中型）和钵盂猪（小型），原产于山西省神池、五寨、灵丘等县，是我国著名的地方猪种，属黄淮海黑猪类型。1986年被列入有57个地方猪种的《中国猪品种志》，2000年被首批列入有78个品种的《国家级畜禽遗传资源保护名录》，是山西省唯一的地方良种猪资源，是宝贵的遗传基因财富。它具有产仔多、护仔性强的特点，在高寒低营养水平下仍能维持正常繁殖（图3-11）。

1. 体形外貌

体形较大，耳大、下垂超过鼻端，嘴筒长直，背腰平直

图3-11　马身猪

狭窄，臀部倾斜，四肢坚实有力，皮、毛黑色，皮厚，毛粗而密，冬季密生棕红色绒毛，乳头7～9对。可分为"大马身猪"（大）、"二马身猪"（中）和"钵盂猪"（小）三型。

2.生产性能

马身猪性成熟早，公、母猪在4月龄左右、体重25～35千克就有发情表现。据大同种猪场1980年对大马身猪产仔数统计，初产母猪窝产仔数11.4头，经产母猪窝产仔数13.6头，二马身猪经产母猪窝产仔数13.30头。保种类型基本为二马身猪，2006年统计其产仔数有所降低。

三、荣昌猪

荣昌猪原产于荣昌和隆昌，后扩大到永川、泸县、泸州、宜宾及重庆等地。据统计，中心产区荣昌、隆昌每年向外提供仔猪达10万头以上。荣昌猪除分布在重庆和四川许多县市外，并推广到云南、陕西、湖北、安徽、浙江、北京、天津、辽宁等20多个省市（图3-12）。

图3-12　荣昌猪

1.体形外貌

荣昌猪体形较大，除两眼四周或头部有大小不等的黑斑外，其余被毛均为白色。也有少数在尾根及体躯出现黑斑而全身纯白的。群众按毛色特征分为"金架眼""黑眼膛""黑头""两头黑""飞花"和"洋眼"等。其中"黑眼膛"和"黑头"占一半以上。荣昌猪头大小适中，面微凹，耳中等大、下垂，额面皱纹横行、有旋毛；体躯较长，发育匀称，背腰微凹，腹大而深，臀部稍倾斜，四肢细致、结实；鬃毛洁白、刚韧；乳头6～7对。

2.生产性能

日增重313克，以7～8月龄体重80千克左右为宜，屠宰率为69%，瘦肉率42%～46%，腿臀比例29%。荣昌猪肌肉呈鲜红色或深红色。初产母猪产仔数7头，3胎以上经产母猪产仔数10头。

3.杂交利用

用约克夏猪、巴克夏猪和长白猪作父本与荣昌母猪杂交，一代杂种猪均有一定的杂种优势。长白猪与荣昌猪的配合力较好，日增重杂种优势率为14%～18%，饲料利用率的杂种优势率为8%～14%。用汉普夏、杜洛克公猪与荣昌母猪杂交，一代杂种猪胴体瘦肉率可达49%～54%。

四、内江猪

主要产于四川省的内江市，历史上曾称为"东乡猪"。内江猪具有适应性强和杂交配合力好等特点，是我国华北、东北、西北和西南地区开展猪杂种优势利用的良好亲本之一，但存在屠宰率较低、皮较厚等缺点（图3-13）。

1.体形外貌

体形大，体质疏松，头大，嘴筒短，额面横纹深陷成沟，额皮中部隆起成块，俗称"盖碗"。耳中等大、下垂，体躯宽深，背腰微凹，腹大不拖地，四肢较

图3-13 内江猪

粗壮，皮厚，被毛全黑，鬃毛粗长。乳头粗大，6～7对。一般将额面皱纹特深、嘴筒特短、舌尖常外露者称"狮子头"型；将嘴稍长、额面皱纹较浅者称"二方头"型。目前以"二方头"型居多。成年公猪体重170千克左右，成年母猪155千克左右。

2.生产性能

日增重410克左右，6月龄体重可达90千克，屠宰率67.5%，母猪产仔数为9～10头。

3.杂交利用

内江猪遗传性强，杂种后代均不同程度表现额宽、额面皱褶多、有旋毛等外貌特征，胴体也呈现屠宰率较低、皮厚等性状。以内江猪为父本，与长白猪、苏白猪、巴克夏猪等猪种杂交，一代杂种猪的日增重率优势分别为36.2%、12.2%和5.7%。杂种猪皮变薄，眼肌面积增大，胴体瘦肉率增加。例如，内江猪×长白猪杂种猪的皮厚为0.48厘米（内江猪为0.68厘米），胴体瘦肉率为44.6%（内江猪为41.6%）。

五、太湖猪

太湖猪分布在长江中下游，按照体形及性能上的某些差异，太湖猪可以分为若干个地方品系，即二花脸、梅山、嘉兴黑、枫泾、横泾等。因其繁殖性能极高而备受国内外青睐，美国、日本、英国、法国等国家先后引入太湖猪，对其高繁殖力的繁殖性能和遗传机制进行深入研究（图3-14）。

图3-14 太湖猪

1.体形外貌

太湖猪体形中等，头大额宽，额部皱褶多而深，耳大下垂，形似蒲扇。全身被毛黑色或青灰色，被毛稀疏。腹部皮肤多呈紫红色。其中，梅山猪四肢末端为白色，俗称"四脚白"。乳头8～9对。

2. 生产性能

该品种日增重较低，为440克左右，耗料增重比在4.5以上，胴体瘦肉率40%。太湖猪繁殖性能极高，是目前世界上产仔数最多的猪种，经产母猪平均产仔数16头。

3. 杂交利用

太湖猪极高的繁殖性能使其成为理想的杂交母本。实践证明，以太湖猪为母本，与杜洛克猪、长白猪、汉普夏猪及大白猪进行二元、三元杂交，都可获得较好的杂交效果。但在进行二元杂交时，商品代的日增重和胴体瘦肉率都较低，只能满足中小城市和农村市场。国外也在其母系中引入太湖猪血液，以期提高母本的繁殖性能。

六、金华猪

金华猪原产于浙江金华地区，该地区腌制火腿时要求肉猪的体形大小适中，皮薄脚细，肉质细嫩，肥瘦适度。金华猪的特点是皮薄骨细，早熟易肥，肉质优良，是适于腌制火腿的优良猪种（图3-15）。

图3-15　金华猪

1. 体形外貌

金华猪体形中等偏小，耳中等大小，耳下垂但不超过嘴角，额有皱纹，颈短粗，背微凹，腹大微下垂，臀较倾斜，四肢细短，蹄质坚实呈玉色，皮薄，毛疏，骨细，毛色以中间白、两头黑为特征，故又称"两头乌"。乳头8对。

2. 生产性能

金华猪经产母猪产仔数13.8头，初生个体重0.65千克。育肥期平均日增重460克左右，胴体瘦肉率43%，腿臀比31%。

3.杂交利用

金华猪与引进的肉用型品种进行二元、三元杂交，均有明显的杂种优势。

七、香猪

香猪原产于贵州和广西壮族自治区的部分地区，是一种特殊的小型地方猪种，早熟易肥，肉质香嫩，宰食哺乳仔猪或断乳仔猪时，无奶腥味，故称为香猪（图3-16）。

图3-16　香猪

1.体形外貌

香猪体躯矮小，头较直，额部皱纹浅而少，耳较小而薄，略向两侧平伸或稍下垂。背腰宽而微凹，腹大丰圆触地，后躯较丰满。四肢短细，后肢多卧系。毛色多全黑，少数具有"六白"或不完全"六白"特征。乳头5～6对。

2.生产性能

香猪经产母猪产仔数为5～8头。经测定，从90日龄、体重3.7千克左右开始育肥，养至180日龄、体重达22千克左右，日增重210克，每千克活重消耗混合料3千克左右。

3.开发利用

香猪用作烤乳猪，在我国香港和一些大城市以及东南亚地区很有市场。香猪进一步小型化，选育成体形更小的微型猪，可用作医学试验动物。

八、藏猪

藏猪主产于青藏高原，是世界上少有的高原型猪种。藏猪长期生活于无污染、纯天然的高寒山区，具有皮薄、胴体瘦肉率高、肌肉纤维特细、肉质细嫩、野味较浓、适口性极好等特点。可生产酱、卤、烤、烧等多种制品，其中烤乳猪是极受消费者青睐的高档产品（图3-17）。

图3-17　藏猪

1.体形外貌

藏猪被毛多为黑色，部分猪具有不完全"六白"特征，少数猪为棕色，也有仔猪被毛具有棕黄色纵行条纹。鬃毛长而密，被毛下密生绒毛。体小，嘴筒长、直，呈锥形，额面窄，额部皱纹少。耳小直立、转动灵活。胸较窄，体躯较短，背腰平直或微拱，后躯略高于前躯，臀倾斜，四肢结实紧凑、直立，蹄质坚实，乳头多为5对。

藏猪能适应严酷的高寒气候、终年放牧和低劣的饲养管理条件，在海拔2500～3500米的青藏高原半山区，年平均气温7～12℃，冬季最低-15℃，无霜期110～190天，饲料资源缺乏，每天放牧10小时左右的严酷条件下，藏猪仍能很好地生存下来。这种极强的适应能力和抗逆性，是其他猪种所不具备的独特种质特性。

2.生产性能

藏猪在终年放牧饲养条件下，育肥猪增重缓慢，12月龄体重20～25千克，24月龄时35～40千克。屠宰率66.6%，胴体瘦肉率52.55%，脂肪率28.38%。母猪一般年产1窝，初产母猪平均产仔5头，二胎6头，经产7头。

第四节
我国培育的优质品种

我国培育的品种有20多个，包括哈尔滨白猪、上海白猪、北京黑猪、三江白猪、湖北白猪晋汾白猪、苏太猪、鲁莱黑猪等。

一、哈尔滨白猪

1.产地与分布

产于黑龙江省南部和中部地区，以哈尔滨及其周围各县为中心产区。

2.体形外貌

体形较大，全身被毛白色，头中等大小，两耳直立，面部微凹。背腰平直，腹稍大但不下垂，腿臀丰满，四肢健壮，体质结实。乳头7对以上（图3-18）。

图3-18　哈尔滨白猪

3. 生产性能

平均日增重587克，每千克增重消耗配合饲料3.7千克和青饲料0.6千克。屠宰率74%，膘厚5厘米，眼肌面积30.8平方厘米，腿臀比例26.5%，体重90千克屠宰胴体瘦肉率45%以上。

4. 杂交利用

长白公猪与哈白母猪杂交，产仔数比哈白猪增加1.2头，断乳窝重增加23.3千克，育肥期日增重38克。哈白猪经过杂交育种，具有育肥速度较快、仔猪初生体重大、断乳体重大等优良特性。

二、上海白猪

1. 产地与分布

上海白猪产于上海市近郊的闵行和宝山两区，主要繁殖中心在闵行区的虹桥、静安区的彭浦和普陀区的长征等地。上海白猪分布于上海市近郊各区。

2. 体形外貌

上海白猪体质结实，身躯较长，背腰宽平，头长短适中，耳中等大、略向前倾，四肢健壮。被毛白色，乳头7～8对，母猪乳房发育良好。上海白猪体形中等偏大。体质结实。头面平直或微凹，耳中等大略向前倾，背宽，腹稍大，腿臀较丰满。被毛白色。乳头排列稀，较细，乳头7对左右（图3-19）。

图3-19　上海白猪

3. 生产性能

生长育肥猪体重22～90千克阶段饲喂109天，日增重615克，每千克增重耗料3.62千克，折合消化能42.76兆焦。体重90千克时屠宰，屠宰率70.5%，胴体瘦肉率52.42%。皮厚0.31厘米。膘厚3.69厘米，眼肌面积25.63平方厘米。胴体中脂肪、皮、骨分别占30.55%、8.10%和8.85%。

4.杂交利用

生产上采用二元和三元杂交，如杜上、杜枫上、苏枫上三个组合，日增重分别为628克、643克和641克，杂交优势率分别为12.38%、15.03%和14.67%。在瘦肉率更高的组合中，用杜洛克猪、汉普夏猪、兰德瑞斯猪、上海白猪四元杂交，平均瘦肉率可达65.51%，屠宰率75.71%，皮厚0.26厘米，膘厚2.41厘米，育肥期平均日增重624克，每千克增重耗料3.34千克。

三、北京黑猪

1.产地与分布

北京黑猪在北京市北郊农场和双桥农场育成，分布于北京市朝阳区、海淀区、昌平区、顺义区、通州区等区县，曾是北京地区的当家品种和规模猪场杂交体系的配套母系品种。现北京黑猪种猪主要饲养于北京黑猪原种场，存栏成年母猪600余头、成年公猪45头。北京黑猪销售到全国二十几个省、市、自治区并出口日本等国。

2.体形外貌

北京黑猪全身被毛黑色，结构匀称。头中等大小，面微凹，嘴中等长，耳直立微前倾。颈肩结合良好，背腰平直，腹部不下垂；后躯发育良好，四肢健壮结实。性情温驯，母性强，乳头7对以上，排列均匀，哺乳母猪乳房呈杯状。尾根高，尾直立下垂（图3-20）。

图3-20　北京黑猪

3.生产性能

平均日增重578克，165～170日龄活重达90千克，每千克增重耗料3.14～3.53千克。胴体质量测定结果，活重90千克的屠宰率为74.8%，四点背膘平均2.72厘米，腿臀份额28.85%，眼肌面积31.47平方厘米，瘦肉率54.59%。肉的pH值为5.68～6.32，肉色为2.75分，熟肉率为69.47%，系水率为72.7%，无PSE或DFD（暗红色、坚固、枯燥）肉。

4.杂交利用

北京黑猪是北京地区的当家种类，也是北京地区规模化养猪杂交繁育系统中的配套母系。与国外瘦肉型良种长白猪、大约克夏猪杂交，均有较好的配合力。随着多品系猪种选育工作的展开，除满意产品瘦肉猪出产外，还要适应商场的变化，开发中型烤猪和烤乳猪等需求的品系。往后在建立良种繁育系统的基础上，仍需不断发展该种类的优秀特性，加强肉的品质和猪的繁殖能力。

四、三江白猪

1.产地与分布

原产于黑龙江省东江地区，分布于黑龙江、乌苏里江、松花江等地。

2.体形外貌

头轻嘴直，两耳下垂或稍前倾，全身被毛白色，背腰平直，中躯较长，腹围较小，后躯丰满，四肢健壮。蹄质坚实，乳头7对左右（图3-21）。

3.生产性能

产仔较多，产仔数初产母猪9～10头，经产母猪11～12头。属瘦肉型品种，

图3-21　三江白猪

具有生长发育快、产仔数较多、瘦肉率高、肉质良好和耐寒冷气候等特性。

4.杂交利用

该猪种与杜洛克猪、汉普夏猪、长白猪杂交都有较好的配合力，特别是与杜洛克猪杂交效果显著。

五、湖北白猪

1.产地与分布

产于华中地区，湖北省武昌、汉口一带。

2.体形外貌

湖北白猪全身被毛全白，头稍轻、直长，两耳前倾或稍下垂，背腰平直，中躯较长，腹小，腿臀丰满，肢蹄结实，有效乳头6对以上（图3-22）。

图3-22　湖北白猪

3.生产性能

该品种具有瘦肉率高、肉质好、生长发育快、繁殖性能优良等特点。6月龄公猪体重达90千克。初产母猪产仔数为9.5～10.5头，经产母猪12头以上。

4.杂交利用

以湖北白猪为母本与杜洛克猪和汉普夏猪杂交均有较好的配合

力，特别与杜洛克猪杂交效果明显。杜洛克 - 湖北白猪杂交种一代育肥猪20～90千克体重阶段日增重0.65～0.75千克。

六、晋汾白猪

1. 产地与分布

晋汾白猪采取边选育边推广的模式，目前已建立3个核心选育场，2个公猪站，13个扩繁场和51个自繁场（包括小区、场、户），分布于山西全省11个地市、21个县（区市）及周边省区。

2. 体形外貌

晋汾白猪体形外貌基本一致，全身被毛白色，体形紧凑适中，耳中等大呈竖立稍侧前倾，嘴筒中等长而直，面微凹；背腰平直，胸宽深，腹线上收，腿臀丰满；四肢健壮，蹄趾结实；乳头排列匀称，乳头数7对以上，外生殖器发育良好，遗传性能稳定（图3-23）。

图3-23 晋汾白猪

3. 生产性能

该品种6世代个体167.42日龄体重达100千克，20～100千克阶段日增重837.00克，每千克增重耗料2.86千克；平均体重100千克时屠宰，屠宰率72.84%，胴体瘦肉率59.82%，眼肌面积为39.60平方厘米。

七、苏太猪

1. 产地与分布

苏太猪可在我国大部分地区饲养，适宜规模猪场、专业户、农户饲养。

2.体形外貌

苏太猪全身被毛黑色，耳中等大，耳垂向前下方，头面有清晰皱纹，嘴中等长而直，四肢结实，背腰平直，腹小，后躯丰满，具有明显的瘦肉型猪特征（图3-24）。

图3-24　苏太猪

3.生产性能

苏太猪母猪9月龄体重116.31千克，公猪10月龄体重126.56千克；育肥猪体重25～90千克阶段，日增重623.12克，饲料转化率3.18：1，178.90日龄体重达90千克。苏太猪体重达90千克时屠宰率72.88%，平均背膘厚2.33厘米，眼肌面积29.03平方厘米，胴体瘦肉率55.98%。

4.杂交利用

苏太猪为母本，与大白公猪或长白公猪杂交生产"苏太"杂种猪是一个很好的模式。苏太杂种猪的胴体瘦肉率59%～60%，160～165日龄达90千克体重，25～90千克体重阶段日增重700～750克，饲料转化率为2.98：1。

八、鲁莱黑猪

1.产地与分布

鲁莱黑猪中心产区为山东省莱芜市，主要分布在以莱芜市为中心的周边地区。鲁莱黑猪目前已推广销售到山东省的临沂市、泰安市、潍坊市、青岛市、聊城市、德州市、滨州市、东营市以及河南省和福建省的部分地区。

2.体形外貌

鲁莱黑猪被毛黑色，育成期耳直立，成年耳根较软下垂，中等偏大，头中等大小，额头有不典型的倒"八"字形皱纹，嘴直、中等大小，背腰平直，臀部较丰满，四肢健壮，肢蹄不卧。公猪头颈粗，前躯发达，睾丸发育良好，性欲旺盛，成年猪体重一般100～130千克。母猪头颈稍细、清秀，腹较大下垂，乳头排列均匀、整齐，乳头7～8对，发育良好，成年猪体重一般120～130千克（图3-25）。

图3-25　鲁莱黑猪

3.生产性能

育肥猪25～90千克体重阶段，平均日增重（598.0±0.38）克，单位增重耗料（3.25±0.03）克；对12头鲁莱黑猪屠宰测定，屠宰率（73.55±0.63）%，眼肌面积（29.50±0.31）厘米，后腿比例（29.9±0.36）%，瘦肉率（53.2±0.34）%。

第四章

猪的繁殖

第一节

发情鉴定技术

一、后备母猪发情鉴定技术

1.后备母猪初情期与适配年龄

（1）初情期月龄　正常的青年母猪出现第一次发情排卵的年龄，瘦肉型长白猪、大约克猪、杜洛克猪等纯种母猪，内外二元母猪6～8月龄，本地土杂母猪3～4月龄。后备青年母猪第一次发情因未达到体成熟，配种后往往不能受孕，一般在第二个或第三个发情期正常受胎，也就是第一次发情后1～1.5个月后才能配种。

（2）适配年龄和体重　瘦肉型母猪8～9月龄配种。土杂猪母猪体重达90千克，外种及外二杂母猪体重达110千克左右配种。

（3）发情症状　阴门变化：发情母猪阴门肿胀，过程可简化为水铃铛、红桃、紫桑椹。颜色由白粉变粉红，到深红色，再到紫红色。状态由肿胀到微缩到皱缩（图4-1）。

阴门内液体：发情后，母猪阴门内常流出一些黏性液体，初期似尿，清亮；盛期颜色加深为乳样浅白色，有一定黏度，后期为黏稠略带黄色，似小孩鼻涕样。

图4-1 人工查情

外观：活动频繁，特别是其他猪睡觉时该猪仍站立或走动，不安定，喜欢接近人。

对公猪反应：发情母猪对公猪敏感，公猪路过接近、公猪叫声、公猪气味都会引起母猪的反应，母猪会出现下述情况：眼发呆，尾翘起、颤抖，头向前倾，颈伸直，耳竖起（直耳品种），推之不动，喜欢接近公猪；性欲高时会主动爬跨其他母猪或公猪，引起其他猪惊叫（图4-2）。

图4-2 公猪试情

2. 发情鉴别与配种时间选择

（1）行为变化 发情开始时轻度不安，随后在栏内走动、咬栏，遇到公猪鼻对鼻或闻公猪会阴或拱肋部，爱爬跨、竖耳、翘尾等。

（2）外阴变化 开始阴户轻度肿胀、随后明显，阴道湿润、黏膜充血逐步由浅红色变桃红色直至暗红色，阴道内流出的黏液由多到少、由淡变浓，阴户微肿胀时应配种（图4-3）。

（3）压背或骑背反应　双手用力压母猪的背部，猪不走动或饲养员骑在猪背上也不离开，神情"呆滞"，应马上配种（图4-4）。

图4-3　发情母猪

图4-4　参配

3.观察发情时间

（1）吃料时　这时母猪头向饲槽，尾向后，排列整齐。如人在后边边走边看，很快就可以把所有猪查完，并作出准确判断。

（2）睡觉时　猪吃完料开始睡觉，这时不发情的猪很安定，躺卧姿势舒适，对人、猪反应迟钝。有异常声音、人或猪走近时发情猪会站起活动，或干脆不睡经常活动。我们可以很方便地从中找出发情适中的猪。

（3）配种时　公猪会发出很多种求偶信号，如声音、气味等，待配母猪也会发出响应或拒绝信号，这时其他圈舍的发情母猪会出现敏感反应，甚至爬跨其他母猪，很容易区别于其他猪。

如果能把握好上述三个时机，一般能准确判断母猪是否发情或发情程度。

二、经产母猪发情鉴定技术

人和猪都是会养成习惯的，如果将各项单独的操作安排成一个连贯的工作程式，两者都会从中获益。现代化规模猪场，分工相当明确。人如果每天/每周都按照同样的工作程式去工作，那他就会更加有效地记得工作程式和利用时间。对母猪进行发情鉴定，目的是了解母猪的发情期长短及目前的阶段，确定母猪的最佳输精时间，以保证最好的人工授精效果。

1.母猪发情的表现

（1）外阴靠里面部分红肿，温度升高，内有黏液出现。

（2）人压猪背时其四肢静立不动。

（3）两耳竖立。

（4）不叫（嘴里不发出任何声音）。

母猪必须同时具有这四个表现，才能判断为发情。对于两耳竖立，有的品种如长白猪表现不明显。

2.母猪发情的过程

（1）母猪在没有受孕的情况下，每隔18～23天发情一次，断奶后一般7天内能发情。发情期间生殖激素分泌产生变化，引起卵巢、子宫、阴道和外阴及猪的行为发生相应的变化。

（2）首先我们能看到的是外阴，发情前1～2天外阴因为充血而表现红肿和温度升高，并伴有黏稠的液体出现。

（3）接下来会出现对公猪产生静立反射。即把公猪放在母猪前边时，人压母猪背部，母猪产生对公猪的静立反射，这是母猪发情开始的标志。

扫一扫
观看"母猪发情
中期鉴定"视频

扫一扫
观看"母猪发情
高峰期鉴定"视频

（4）约半天后，由于发情更明显，只要有一点压力，就会产生静立反射，所以在公猪不在场的情况下，人压母猪背部，母猪出现对人的压背反射，后备母猪持续1～2天，经产母猪持续2～3天。

（5）2～3天后，母猪对人静立反射消失。

（6）然后对公猪的静立反射消失，这是母猪发情结束的标志。

（7）最后外阴变白，红肿消退，温度降低。

（8）对人产生静立反射期间，也对公猪也产生静立反射。

（9）对人和公猪产生静立反射期间外阴总有红肿、温度升高、有黏液等表现。

3. 最佳输精时间的确定

发情鉴定是实行猪人工授精最难掌握的技术，中国的地方猪种发情比较明显，繁殖力强，非常容易进行发情鉴定，配种时间也容易判断。所以我国20世纪五六十年代搞猪人工授精非常成功。但进入80年代，开始大量引进外国的先进品种，引进品种发情不明显，这大大限制了猪人工授精技术的应用。

引进品种在欧美却是当家品种，在长期的生产过程中，欧美等国家掌握了母猪发情的规律，并在此基础上形成了可操作性强、适用于现代化生产的母猪发情鉴定方法，其中最佳输精时间的确定是以图4-5为基础得出的。

	发情开始前	发情期					发情结束后
静立反射	触摸体侧部有静立反射，但无压背反射	触摸体侧和压背都有静立反射					无静立反射
外阴	红、肿、有点湿润	粉红、肿胀程度降低、湿润、温度升高					苍白、红肿消退、不湿润
行为	坐立不安，爬跨其他母猪	安静，被其他母猪爬跨					正常行为
持续时间	2～5天	B1	I1、I2、I3		I4	B2	1天
		8～10小时	24～30小时		8～10小时	8～10小时	
输精否	决不	不	输		不	不	决不

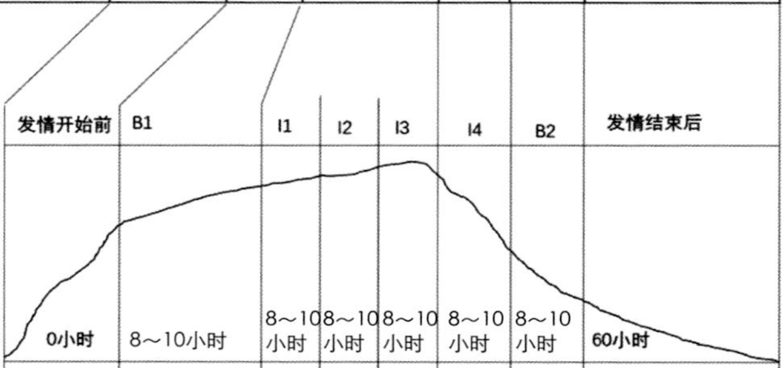

	发情开始前	B1	I1	I2	I3	I4	B2	发情结束后
	0小时	8～10小时	8～10小时	8～10小时	8～10小时	8～10小时	8～10小时	60小时
受胎率/%		77.2	88	92.8	89.9	64.1	33.8	
窝产仔数/头		10.8	11.6	12.2	13.6	10.7	9.4	

图4-5 最佳输精时间的确定

（1）图4-5是可帮助我们确定母猪输精的最佳时间。

（2）图4-5分两部分，上半部分为母猪在发情前、发情期和发情后的表现。发情期以对公猪产生静立反射开始，直到对公猪产生静立反射消失，母猪对人的静立反射包括在其中，而恰恰母猪对人的静立反射是决定最佳输精时间的标志，检查母猪外阴和对公猪产生静立反射可以更好地掌握母猪发情的进展，提高对母猪发情鉴定的效率和准确性。

（3）图4-6中箭头表示母猪的排卵时刻。

（4）图4-6黑线部分表示发情持续期。发情期又做了划分，分为B1期（对公猪反射1期，B即Boar，公猪）、I1期（对人反射1期，I即Inseminitor，输精员）、I2期（对人反射2期）、I3期（对人反射3期）和I4期（对人反射4期）和B2期，每期持续8～10小时。

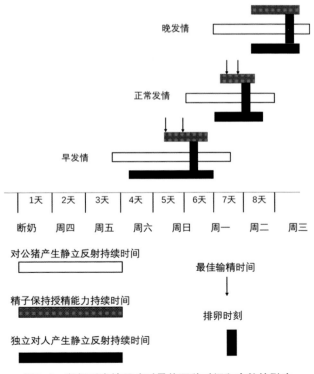

图4-6　断奶后发情早晚对最佳配种时间和次数的影响

4.不同类别母猪最佳输精时间

（1）后备母猪、断奶6天及6天以后发情母猪（约占总断奶母猪数的35%）、返情母猪因发情持续期较短，发现对人产生静立反射后须马上进行第一次输精，以免错过最佳输精时间。

（2）断奶后5天及5天以内发情经产母猪（占总断奶母猪数的65%左右）因发情持续期较长，发现对人的静立反射后隔8～10小时进行第一次输精。

5.发情鉴定具体操作

（1）时间　每天进行两次发情鉴定，上午9:00前和下午3:00后。

（2）步骤　第1步，依次观察母猪的外阴。

① 母猪要发情，提前1～2天外阴先产生变化，外阴血管充血，肿胀。

② 外阴温度升高，有温热的感觉，用靠近大拇指处的手掌与外阴里面接触可以明显感觉到。

③ 翻开外阴可发现靠近阴道部分呈红色，同时外阴变潮湿，有光亮的黏液出现。

④ 此时既不对公猪产生静立反射，也不对人产生静立反射。

⑤ 可用标记笔在母猪背部点一个点，表示最近几天密切注意这头猪，有可能要发情。

第2步，用公猪进行试情。

① 只对外阴产生发情变化的母猪或配后3周的母猪用公猪试情。

② 把公猪放在母猪前面，让母猪能够看到。

③ 要用手轻轻触摸或用膝部轻顶母猪后腹侧壁，然后人对母猪进行压背，如果母猪不叫，耳竖，静立，则说明对公猪产生了静立反射。

④ 此时在画点处画一道横线。

⑤ 可同时利用公猪对妊娠早期母猪进行返情鉴定。

a.在进行返情鉴定时，首先检查配后21天左右的母猪是否对公猪产生静立反射。

b.同时观察母猪外阴变化，如果外阴出现发情迹象，则在母猪的尾根部点一个点，下一次发情鉴定时重点注意。

c.如果对公猪产生静立反射，马上赶至配种舍。

第3步，配种员试情。

① 只鉴定对公猪产生静立反射的母猪。

② 在公猪不在场的情况下，配种员对母猪进行发情鉴定，方式和公猪在场时一样。

③ 当母猪对人产生静立反射后，可在母猪臀部与对公猪产生反射的横线标志垂直画一竖线，如果是断奶后5天之内的经产母猪，因为发情持续期较长，可以等半天再输精；对于断奶后超过5天的经产母猪或后备母猪，因为发情持续期短，要马上输精。

（3）对后备母猪进行发情鉴定　因为后备母猪比较紧张，所以要慢慢接近后，轻轻抚摸，让母猪安静下来后再做压背反射，如果动作太粗鲁，后备母猪因紧张而运动，会误认为没有产生静立反射。注意压背反射进行时间不能太长，压背时间太长，母猪产生疲劳而不动，使人误认为已经产生静立反射。后备母猪第一次发情时只记录发情时间和行为，不配种，在母猪225天左右第二次或第三次发情时进行第一次配种。

进行发情鉴定时，要么确定已经发情，要么就没有发情，不能模棱两可。

6.输精次数

经产母猪，每个情期输1～2次，平均达1.7～1.8次。

后备母猪输2次。全群平均1.5～1.6次。

三、后备母猪诱情配种技术

1.诱情日龄

预期初情期的前2～3周能使后备母猪开始与公猪接触则效果会更好，差不多在165～170日龄。

2.公猪诱情

公猪要求具备良好的"交谈"能力，沉稳的性情像"缉毒犬"

般的甄别出发情母猪的能力。故宜选择唾液多、腥味重、善于交流的12月龄以上性欲很高的公猪作诱情公猪。为避免审美疲劳，轮换使用不同公猪诱情比连续使用同一头公猪效果更好。把后备母猪赶到公猪舍的效果要优于将公猪赶到母猪舍的效果。一天两次，每次10分钟，每头后备母猪2分钟，诱情最好在公母猪采食后0.5～1小时进行。

3.接触场地要求

后备母猪应群养，每栏以饲养5～10头、每头占栏面积应大于2平方米为宜。

4.诱情开始

光照时间要增加到每天14小时，可在猪舍安装白炽灯补充光照，光照强度200～300勒克斯。

5.发情记录

有关后备母猪繁殖情况的第一项基础记录，对制定配种计划具有重要的参考价值。

6.管理人员

需对诱情工作的重要性给予足够的重视，要制定诱情工作量化执行方案和进程监督方案，选派责任心强的人员负责诱情工作，且给他们安排的工作量要适宜。

7.五点催情法

第一步：利用拳头或膝盖抵压后备母猪腹部两侧。
第二步：抓住并向上提腹股沟褶皱部。
第三步：利用拳头按压后备母猪阴户下面，也常用膝盖按压。
第四步：按压后备母猪耻骨边缘。
第五步：骑在后备母猪背上。

四、断奶母猪不发情的解决办法

母猪断奶后黄体迅速溶解、退化，卵泡开始发育，出现发情征兆，90%以上母猪一般断奶后3～7天便可自然发情配种，断奶后10天以上仍未发情的称为不发情或乏情。母猪断奶后不发情会降低猪场年平均生产胎次，浪费饲料、人工，挤占栏舍，给猪场带来极大的成本浪费。针对断奶后母猪不发情，猪场可从营养、管理、疾病3个方面进行分析与解决。

1.营养方面

（1）采食量　哺乳期母猪采食量是影响母猪膘情的最重要因素，尤其带仔数量过多的母猪和一胎母猪，采食量不足母猪势必动用自身储存的能量物质以维持泌乳，此类母猪断奶后失重过大，断奶后往往发情不顺。母猪哺乳期体重损失应控制在10千克以内，母猪失重每多10千克，发情间距增加3天，因此，产后第7天以后应最大限度地提高母猪采食量。

（2）生殖营养　现代基因型猪种，瘦肉率高、采食量偏低，饲料成分及热能均应适度增加，尤其与繁殖有关的生殖营养（如维生素A、维生素E、叶酸、生物素、螯合矿物质等）需要增加，应在哺乳料中额外添加生殖营养（以微囊包被形式）。

（3）水营养　母猪的饮水需要很大，尤其泌乳时，乳汁需要水，排热也需要大量水，当饮水不够时，会极大影响母猪的健康，应从清洁度、流量、水温等方面关注母猪饮水问题。

（4）霉菌毒素　霉菌毒素对母猪发情影响巨大，特别是玉米赤霉烯酮毒素会造成母猪内分泌紊乱，导致假发情现象，因此，饲料原料控制是关键，平常饲槽、料线应勤加清理，饲料中添加具有防霉、脱毒、解毒、修复的脱霉剂。

2.管理方面

（1）断奶日龄　太早断奶的母猪（仔猪18日龄以下），由于子宫尚未完全恢复，不足以产生足够前列腺素以溶解黄体正常发情。

（2）做好查情工作　每天不低于两次的查情频率，尤其夏季可在凉爽、安静的晚上进行查情。查情判断，发情前的信号包括：躁动不安、不食，爬栏、咬栏，发出叫声，寻找公猪但不接受爬跨，阴户肿胀，呈樱桃红色。发情的信号包括：食欲差，目光呆滞，阴道分泌黏液，耳朵直立，尾巴不动，背部按压呈静立反射。公猪作用不可忽视，应选择性欲强、经验丰富的成年公猪与母猪吻对吻接触。

（3）光照　母猪哺乳至断奶发情期间光照（含日光及灯光）应达16小时以上，即明暗比例应控制在2∶1。光照强度最好有100勒克斯（每平方米3～6瓦），即在母猪头的位置处，普通人的裸眼可阅读报纸的光照强度最为适宜。

（4）空气质量　长期通风不良、氨气太重会使母猪受公猪刺激的效果减弱导致其发情明显下降，过度通风将公猪气味带走同样会使母猪受公猪刺激的效果减弱。

（5）热应激　母猪对热很敏感，其适应温度范围在18～24℃，因此易受热应激而发生繁殖障碍。短暂高温就会造成发情不明显，超过33℃母猪发情显著延后。临床可以呼吸频率来判断母猪是否有热应激，当母猪呼吸频率达40次/分钟以上时，母猪处于热应激状态，导致生理上的刺激而造成繁殖能力暂停。

3. 疾病方面

（1）子宫内膜炎是导致母猪不发情的重要原因。

（2）传染性疾病：猪瘟、猪伪狂犬病、猪蓝耳病、猪圆环病毒病、猪流感、布鲁菌病、乙型脑炎、猪细小病毒病、猪弓形虫病、猪附红细胞体病均可导致母猪繁殖障碍。

（3）母猪罹患皮肤病对发情的影响是较容易被忽视的原因。事实上如果母猪长期忍受皮肤瘙痒而烦躁，往往很难有正常发情的反应。

（4）跛脚或行动不便的母猪，会使母猪失去性欲及性功能。

（5）有寄生虫的母猪出现营养不良而不发情。

4. 母猪断奶后不发情的对策

（1）准确掌握后备青年母猪的初配适期　实践证明，国内培育品种及其杂交青年母猪，初配适期不早于8月龄，体重不低于100千克。有经验的生猪养殖小区（场）是让"三期"，即让过三个发情期，一般一个发情周期为18～21天，故在初情期后约2个月，第2次发情时才将后备青年母猪投入配种繁殖。

（2）采用"低妊娠，高泌乳"的饲养方式　母猪的正确饲养方式应是"低妊娠高泌乳"，即母猪在泌乳期间应让其进行最大的体况储备，使母猪断奶时失重不会过多。对体况较瘦的经产哺乳母猪采用一贯加强的饲养方式。瘦肉型品种及二元杂交母猪每天给料量4～5千克（哺育8头仔猪），哺育10～12头仔猪时，每天给料量5～6千克，使整个哺乳期母猪的失重控制在60千克以内，作为正常的给料量标准。选择哺乳母猪专用配合饲料，日喂3～4次。

（3）滴水降温　只要猪舍温度升至33℃以上时，可在11:00、15:00、16:00、21:00各给空怀母猪身体喷水1次。但当空气湿度过大，采用喷水降温时一定要配合良好的通风。对泌乳母猪可设计特制滴水降温装置。据报道，采用滴水降温的母猪日采食量多0.95千克，整个泌乳期母猪少失重13.7千克。

（4）限料饲养　一些猪场，母猪哺乳期饲养水平很高，在采取28天断奶措施的情况下，母猪哺乳期体重降低很少，膘情偏肥，往往影响母猪发情配种，采用限制采食量的方法或在母猪日粮中加入5%～10%青饲料增加母猪的运动量和日光照射使母猪不过于肥胖。近年来，有些生猪养殖小区（场）为使母猪生活条件发生改变，采用饥饿刺激措施，即母猪断奶后1～2天不喂料或日给量极少但不可缺水。母猪在饥饿刺激下很快发情，在配种后立即恢复正常饲养。

（5）选用母猪专用全价饲料　母猪专用全价饲料是根据母猪不同的生理阶段精心科学配制的，日粮养分含量完全符合母猪的生理需要，不会对母猪的繁殖性能造成影响。

（6）激素催情　对不发情母猪，可用下列激素催情。

① 肌内注射己烯雌酚3～10毫升或垂体前叶促性腺激素1000国际单位，每次500单位，间隔4～6小时，在预测下一个发情期前1～2天用药。但要注意记录情况，适时配种。

② 肌内注射三合激素2毫升，或己烯雌酚4毫升或前列烯醇1.2～2.0毫升，对无发情现象的母猪在4天后再用同剂量的上述药

物肌内注射一次。经处理后发情的母猪，于配种前8～12小时肌内注射绒毛膜促性腺激素1000单位。

③ 氯前列烯醇可有效地溶解不表现发情的青年母猪卵巢上的持久黄体，使母猪出现正常发情，每头母猪肌内注射2毫升（0.2毫克）。

④ 肌内注射律胎素2毫升，缩宫素4毫升。

（7）防治原发病　坚持做好乙型脑炎、猪瘟、细小病毒、布氏杆菌、弓形体等疾病的防治工作，对患有生殖器官疾病的母猪给予及时治疗；不用发霉的饲料；对患子宫炎的母猪治疗，用2%～4%的小苏打溶液400毫升或1%高锰酸钾20毫升或50毫升蒸馏水+640万国际单位青霉素+320万国际单位链霉素，导管输入冲洗清除渗出物，每天2次，连续3天。同时，肌内注射律胎素2毫升，孕马血清10毫升，维生素E4毫升，维生素C4毫升，促进发情排卵。

（8）加强饲养管理　采取"一逗、二遣、三换圈、四治疗"的办法处理。一逗：用试情公猪追逐久不发情的母猪（15～20分钟1次，连续3～4天），或将母猪赶在同一圈内，通过公猪的爬跨等刺激，使母猪脑下垂体产生卵泡素，促进母猪发情排卵。二遣：每天上午将母猪赶出圈外运动1～2小时，加速血液循环，促进发情。三换圈：将久不发情的母猪，调到有正在发情的母猪圈内，经发情母猪的爬跨刺激，促进发情排卵，一般4～5次即表现明显的发情。四治疗：具体如下。

① 绒毛膜促性腺激素（HCG）：一次肌内注射500～1000单位，如将绒毛膜促性腺激素300～500国际单位与孕马血清（PMS）10～15毫升混合肌内注射，不仅诱情效果明显，且可提高产仔数0.6～0.9头。

② 饮红糖水：对不发情或产后乏情的母猪按体重大小取红糖20～500克，在锅内加热熬焦，再加适量水煮沸拌料，连喂27天。母猪食后2～8天即可发情，并接受配种。

③ 公猪精液喷鼻：公猪精液按1∶3稀释后，取1～3毫升喷于母猪鼻端或鼻孔内，经4～8小时即表现发情，12小时达发情高

峰，16～18小时配种最好，受胎率达95%。

④公猪尿液刺激：公猪尿液中含外激素能刺激母猪垂体产生促性腺激素，促进卵泡成熟排卵。输精前让母猪嗅闻公猪尿液2～3分钟，再将输精管插入阴道内，来回抽动刺激阴道壁及子宫颈2～3分钟后，再注入精液，情期受胎率可提高167%，平均每窝可多产仔2.11头。

⑤喂母猪去势物（子宫和卵巢）：用去势母猪的子宫和卵巢2～3副，连续喂母猪2～3天，4～5天后即出现发情。

⑥电针刺激：用电针刺激母猪百会穴、交巢穴20～25分钟，隔日1次，2次即可。

⑦中草药催情：淫羊藿、对叶草各80克，煎水内服；淫羊藿100克、丹参80克、红花和当归各50克，碾末混入料中饲喂。

五、同期发情技术

与牛羊相比，猪的同期发情的难度要大得多，其原因是同期发情中两种处理方法：孕激素法和前列腺素法对猪同期发情的处理效果都不好。用孕激素来抑制母猪发情，以达到同期发情的目的，所使用孕激素剂量要比其他动物大得多，而且用孕酮栓的方法效果不太理想，因为孕酮栓如果不能保证释放足够的量，则母猪仍会表现发情；用前列腺素F类，只有对处在发情周期第12～16天的母猪有效。但采取一些措施，仍可达到同期发情的目的。这种技术对于单元式产房和希望进行寄养仔猪的猪场有十分重要的意义。

1.青年母猪的同期发情

（1）对未进入初情期的青年母猪的发情同期化——促性腺激素+PGF2α法 每4～6头青年母猪为一群进行群养，根据经验预测青年母猪初次发情的时间，在青年母猪初次发情前20～40天，每头母猪一次注射200国际单位的人绒毛膜促性腺激素（HCG）和400国际单位孕马血清促性腺激素（ECG）或PG600。一般在注射3～6天后母猪表现发情，但发情时间差异较大。如果从注射当日开始，每天让青年母猪与试情公猪直接接触，可增强激素的效果。在禁闭栏内饲养的青年母猪同期发情处理效果不及群养母猪。第一次激素处理尽管能使绝大多数青年母猪在一定时间内发情，即使不表现发情，一般也会有排卵和黄体形成。但发情时间相差天数可达3～4天。要提高第二个发情期的同期发情率，应在第一次注射促性腺激素后18天注射PGF2α及其类似物，如注射氯前列烯醇200～300微克，因为此时大多数母猪已经进入发情周期的12天以上，这时，前列腺素对黄体有溶解作用。通常在注射PGF2α及其类似物后3天母猪表现发情，而且发情时间趋于一致。如果母猪此时体重已达到配种体重，就可以安排配种。此法达到青年母猪同期发情目的的关键是掌握好青年母猪初情期的时间。如果注射过早，青年母猪在发情之后很长时间仍未达到初情年龄，则不再表现发情；如果注射太晚，青年母猪已经进入发情周期（即在初情期之后），则母猪不会因为注射促性腺激素而发情，发情时间就不会趋于一致。

（2）对初情期后或已妊娠母猪发情同期化方法——PGF2α法如果母猪已经超过了初情期，可对发情母猪进行单圈配种2周，2周后对全群注射PGF2α及其类似物。这样在注射激素后，妊娠母猪会流产，配种未受孕发情后超过12天的青年母猪都会因黄体退化而同期发情。这种方法的缺点是可能造成部分母猪配种时间推迟。

也可以根据发情记录，在猪群中，凡处于发情周期的第12～第17天的母猪，同时注射氯前列烯醇0.3～0.4毫克（以发情接受爬跨为第0天），一般在注射后第3～4天母猪表现发情。

（3）对初情期后的青年母猪发情同期化方法——孕激素法　初情期后的青年母猪可用孕酮处理14～18天，停药后，母猪群可同期发情。其原理是：孕酮有抑制卵泡成熟和发情的作用，但并不影响黄体退化，所以当连续给母猪提供14天以上的孕酮后，大多数母猪的黄体已经退化，如果停止提供孕酮，孕酮对卵泡成熟的抑制作用被解除，母猪群会在3天后发情。与其他家畜相比，母猪需要较高水平的孕激素来抑制卵泡的生长和成熟。如用烯丙基去甲雄三烯醇酮，每天按15～20毫克的剂量饲喂母猪，18天后停药可以有效地达到母猪群的同步发情，其每窝产仔猪与正常情况下相同或略有提高。

2.经产母猪的同期发情

（1）同期断奶法　经产母猪发情同期化，最简单、最常用的方法是同期断奶，对于分娩21～35天的哺乳母猪，一般都会在断奶后4～7天内发情。对于分娩时间接近的哺乳母猪实施同期断奶，可达到断奶母猪发情同期化的目的。但单纯采用同期断奶，发情同期化程度较差。

（2）同期断奶和促性腺激素结合　在母猪断奶后24小时内注射促性腺激素，能有效地提高同期断奶母猪的同期发情率。使用PMSG诱导母猪发情应在断奶后24小时内进行，初产母猪的剂量是1000国际单位，经产母猪800国际单位；使用HCG或者GnRH及其类似物进行同步排卵处理时，哺乳期为4～5周的母猪应在PMSG注射后56～58小时进行，哺乳期为3～4周的母猪应在PMSG注射后72～78小时进行；输精应在同步排卵处理后24～26小时和42小时分两次进行。

❧❧ 第二节 ❧❧

公猪繁殖技术

一、公猪调教技术

利用假台畜采精，要事先对种公畜进行调教，使其建立条件反射。

1.调教的方法

（1）在假台畜的后躯涂抹发情母畜的阴道黏液或尿液，公畜则会受到刺激而引起性兴奋并爬跨假台畜，经过几次采精后即可调教成功。

（2）在假台畜旁边牵一发情母畜，诱使公畜进行爬跨，但不让交配而把其拉下，反复多次，待公畜性冲动达到高峰时，迅速牵走母畜，令其爬跨假台畜采精。

（3）将待调教的公畜拴系在假台畜附近，让其目睹另一头已调教好的公畜爬跨假台畜，然后再诱其爬跨。

2.种公畜调教时应注意的问题

（1）调教过程中，要反复进行训练，耐心诱导，切勿施用强迫、恐吓抽打等不良刺激，以防止性抑制而给调教造成困难。

（2）调教时应注意公畜外生殖器的清洁卫生最好选择在早上调教，早上精力充沛，性欲旺盛。

（3）调教时间、地点要固定，每次调教时间不宜过长。

（4）注意调教环境保持安静。

3.种公畜采精前的准备

包括体表的清洁消毒和诱情（性准备）两个方面。

（1）用0.1%高锰酸钾溶液等洗净其包皮并抹干，用生理盐水清洗包皮腔内积尿和其他残留物并抹干。

（2）在采精前，需以不同诱情方法使种公畜有充分的性兴奋和性欲，一般采取让种公畜在台畜附近停留片刻，进行2～3次假爬跨人员的准备。

（3）采精员应具有熟练的技术，采精时注意人畜的安全，应有固定的工作服与鞋，并保持整洁；采精前应剪短指甲，并戴上一次性手套。

二、采精技术

1.采精前的准备

（1）场地准备　固定、宽敞、平坦、安静、清洁、安全。

（2）台畜准备　真台畜（公母）、假台畜（高55厘米、宽24厘米、长126厘米），发情母畜分泌物。

真台畜是指使用与公畜同种的母畜、阉畜或另一头种公畜作台畜。真台畜应健康、体壮、大小适中、性情温驯；选发情的母畜比较理想，经过训练的公畜也可作台畜。

假台畜即采精台，是模仿母畜体形高低大小，选用金属材料或木料做成的一个具有一定支撑力的支架。

台畜采精前应清洗、消毒，防止污染精液。

（3）器械的准备　采精所需要的器械要事先准备好，力求清洁无菌，在使用之前要严格消毒，每次使用后必须洗刷干净。

（4）假阴道准备　包括安装、清洗、消毒、干燥、检查、注温水、润滑、调压、调温。假阴道应具备以下五个条件。

无破损：假阴道不得漏水或漏气。

无菌：凡接触精液的部分均须消毒。

适宜温度：采精时假阴道内腔温度应保持在38～40℃，集精杯也应保持为34～35℃。

适当压力：注入水和空气来调节假阴道的压力。

适当润滑度：涂抹润滑剂的部位是假阴道前段1/3～1/2处到外口周围，但涂布不可过长过多。

（5）公畜准备　利用假台畜采精，要事先对种公畜进行调教，使其建立条件反射（图4-7、图4-8）。

图4-7　公猪采精准备（一）

图4-8　公猪采精准备（二）

2.采精

采精前先把种公猪驱赶到运动场排粪、排尿，然后赶到采精室。当种公猪上采精架后首先挤

图4-9 公猪采精

去其包皮内的残留尿液，除去腹部的污垢，用现配的高锰酸钾温水浸湿毛巾，自包皮口向后单向擦拭，擦拭一遍后将湿毛巾叠起，再用另一干净面擦第二遍，切忌来回擦拭，以免重复污染（图4-9）。然后用灭菌干毛巾擦干即可正式采精。采精的方法主要有以下两种。

（1）手握法 是根据公猪交配时的生理要求而创造出来的一种简单易行的采精方法。手握法采精以灵活掌握公猪射精所需要的压力，具体方法如下：将集精瓶和纱布蒸煮消毒15分钟，再用1%氯化钠溶液冲洗，拧干纱布，并折叠成2～3层，用橡皮圈将纱布固定在集精瓶口上（纱布的松紧度以稍下凹为宜）。采精员应先剪平指甲，洗净双手，并用75%酒精棉球擦拭消毒，也可以右手戴上酒精消毒过的橡胶手套。公猪赶进采精室后，用0.1%高锰酸钾溶液消毒公猪包皮及其周围皮肤并擦干。采精员蹲在台猪的左后方，待公猪爬上台猪并伸出阴茎时，立即用右手手心向下握住公猪阴茎前端的螺旋部，不让阴茎来回抽动，并尽量顺势小心地把阴茎全部拉出包皮外，掌握阴茎的松紧度以不让阴茎滑掉为准。拇指轻轻顶住并按摩阴茎前端，增加公猪快感。注意防止公猪作交配的动作时，使阴茎前端碰到台猪而被擦伤。当公猪要射精时，右手应有节奏地一松一紧地加压，刺激其性欲，并将拇指和食指稍微张开露出阴茎前端的尿道外口，以便精液顺利地射出，这时用左手持集精瓶稍微离开阴茎前端收集精液。由于公猪最先射出的精液往往混有尿液等污物，故不要收集，待射出乳白色精液时再收集。当排出胶样凝块时，则用拇指排除。公猪射完第一次精后，右手再有节奏地加压，并再用拇指轻轻地按摩阴茎前端，以刺激公猪继续第2次、第3次射精。

（2）"胶管"法 基本上与手握法相同，区别只在于手隔着胶皮管套握住阴茎采精，可以减少细菌污染。它是用羊的假阴道内胎剪断为二，也可用自行车的胎制作成圆筒，筒长约20厘米、直径4厘米。再用一个直径4～5厘米、宽1厘米的金属小圆圈的一端从圈内翻出3～4厘米或为一个圆口，以便阴茎伸入，另一端套上集精瓶。采精前应消毒，要求与假阴道采精一样采精时，当公猪爬跨上台猪伸出阴茎后，采精员手握住胶管，套上公猪阴茎，深度以公猪阴茎龟头插到平于小拇指外缘为止。手要握紧，但不要使公猪有痛感。握住公猪阴茎后阴茎还要外伸，可让它充分伸出，采精员的手要握紧公猪的阴茎，并有节奏地一松一紧地加压，

图4-10　"胶管"法采精

扫一扫
观看"公猪采精"视频

以增加公猪的快感而增加射精量，当公猪射精时应握紧不动，另一只手轻轻托牢公猪阴茎基部，防止阴茎与台猪接触而被擦伤（图4-10）。

第三节
输精配种技术

一、适时配种技术

1.适时配种是提高受胎率和产仔数的关键

首先要掌握好母猪的发情周期：一个发情周期分为发情前期、

发情期、发情后期和间情期（休情期），共四期。一个发情周期18～23天，平均21天。其中进行配种的时间是在发情期又称发情中期。发情期是性周期的高潮期。此期一般2～4天，平均3天左右（范围0.5～7天）。只有此期才接受公猪的爬跨和交配。其中接受爬跨的时间约2.5天（平均52～54小时）（发情期特别短的例外）。发情期表现为母猪兴奋不安，性欲表现充分，如寻找公猪、接受公猪爬跨并允许交配；阴门充血肿胀，并有黏液从阴门流出，黏液由水样变黏稠时，表示已达到适配期；若用手按压其腰部，母猪呆立不动，此为接受交配的具体表示。此后即可配种，一般配种2次。一次是在母猪接受公猪爬跨（即按压腰部不动）后的12～24小时配第一次，隔12小时再配一次。也可在一个情期内配3次，一次是在接受公猪爬跨后12小时配一次，隔14小时配第二次，再隔12～14小时配一次。让精子等待卵子的到来。据对北京黑猪青年母猪的排卵规律研究表明：发情母猪在接受公猪爬跨后的0～24小时内，排卵数占总排卵数的1.59%；24～36小时排卵数占总排卵数的17.38%；36～48小时则为排卵高峰期，此期的排卵数高达65.57%（也有认为排卵高峰期是在发情开始后31小时，范围25.5～36.5小时）。48小时后的排卵数仍高达13.9%。要使卵子受精，必须在排卵高峰前2～3小时交配或输精，才能使精子提前到达输卵管上部1/3处的受精部位。由于精子在母猪生殖道内存活时间最长为42小时，而精子具有受精能力的时间仅25～30小时。但比卵子具有受精能力的时间（8～10小时，最长可达15小时）要长得多。因此必须在母猪排卵前，特别要在排卵高峰阶段前数小时配种或输精，即在母猪排卵前2～3小时，也就是说要在出现交配欲并接受爬跨的时间后的12～24小时开始配种，隔12小时再配一次，让精子等待卵子的到来。但由于排卵时间受不同品种、年龄及个体间差异的影响，在确定配种时间上还需灵活掌握。

从品种来看，地方猪种发情持续期较长，排卵较晚，可在发情期的第3～4天配种；引入国外的品种发情持续期短（有时发情症状不明显，发情开始的时间难掌控），排卵较早，可在发情的第2天配种；地方猪种与外来猪种的杂交种可在发情后第2天下午或第3天配种。

其次，从年龄来看，引入猪种中的青年母猪发情期比老龄母猪短，而我国地方品种则相反，青年母猪发情期比老龄母猪长。因此对我国地方品种而言，要"老配早，小配晚，不老不少配中间"的经验。即老龄母猪发情持续时间短，当天发情下午配，隔8～12时再配一次。后备母猪发情期长，一般第3天配；中年母猪第2天配。

2.做好适时配种的几个关键点

（1）发情鉴定方式及频率　发情鉴定方式：采用公猪试情和人工查情相结合的方式。

发情鉴定频率：公猪试情每天上午、下午各1次，人工查情每天2～4次。

有的配种员说，一天用公猪查两次就够了，只配种有静立反射的母猪，不静立的母猪都不正常不能参配，母猪发情配种要返璞归真，从理论上讲这个是没错的；但是目前都是规模化集约化养殖，猪的生活环境已经发生了变化，运动、吃的东西、喝的东西、营养都发生了变化，还有追求高产，尽可能短的繁殖周期，这样的一种环境下，并不是每头发情的母猪都能表现出很强烈的静立反射，很多情况下我们饲养管理不到位、营养的问题也会导致母猪发情了但静立反射不明显，然而事实上发情了排卵了是可以配种的。这种发情母猪的配种时机我们需要从母猪其他表现去判断，如外阴红肿、黏液等，所以人工查情是非常有必要的。

（2）提高发情鉴定效率的方法　可视化管理可以有效提高发情鉴定效率。公猪试情时将有发情表现的母猪，使用蜡笔/紫药水进行标记，如需要配种的标记"日期"+"上"/"下"，代表该日期上午或下午配种，有发情表现的母猪则打点标记。人工查情/巡栏时，重点观察打标记的发情母猪。

（3）综合判断配种时机　母猪配种时机不能单一以发情的某个特征为标准进行判断，不能只配种有静立反射的母猪，要仔细观察母猪的外阴、分泌物、行为及其他方面的表现和变化综合判断。个人总结为三个主要方面：外阴红肿、静立反射、黏液。

必备条件——外阴红肿（图4-11、图4-12）。

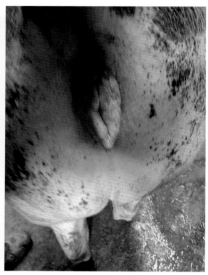

图4-11　发情鉴定（一）　　　　　　图4-12　发情鉴定（二）

二选一——静立反射或黏液呈乳白色可拉成丝。

外阴红肿、黏液呈乳白色可拉成丝，即可配种；外阴红肿、静立反射母猪可参考以下配种程序。

断奶母猪（断奶后3～7天发情）：静立反射后12小时开始配种。

断奶母猪（断奶后3天内发情）：本情期不建议配种，发情排卵数少，妊娠率低，建议推迟1个情期再配种；如要配种则静立反射后24小时开始配种。

后备母猪、返情母猪、超期不发情母猪：静立反射后马上进行配种。

间隔12小时配种3次或者间隔24小时配种2次，直至不再静立反射。

（4）黏液的观察 关于黏液的观察，需要强调的是，黏液不是时时刻刻都有的，黏液一般出现在公猪试情时或者试情后、喂料后、运动后，所以这就体现了我们人工查情的重要性。当然不仅仅我们人工查情时需要注意，平常巡栏时我们也要关注，重点观察母猪外阴及猪屁股后面的地面，发现外阴红肿，黏液呈乳白色可拉成丝，即可配种（图4-13）。

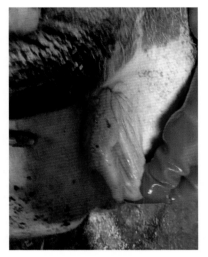

图4-13 发情鉴定（三）

业内有句话"配种员要将1/3的时间用于母猪的发情鉴定"，由此也说明了发情鉴定和适时配种的重要性。母猪发情表现不是一成不变的，而是一个动态变化的过程，而发情鉴定和适时配种并没有非常固定的标准，可能10个配种员查情会有9种不同的标准，所以更多的是个人经验的总结，文中所述也是对我多年一线生产经验的总结，大家在做配种的工作中要注重细节，抓住关键点，勤于观察，经常进行总结，不断积累经验，才能提升发情鉴定水平。

二、普通输精技术

准备好0.1%高锰酸钾水、清水、毛巾、精液、润滑剂、输精管、剪刀、针头、一次性优质卫生纸巾。

1.洁

（1）配种工作起始点是打扫地面，清洗前必须打扫配种区的地面。

（2）使用0.1%高锰酸钾水提前15分钟喷洒母猪臀部进行消毒。

（3）使用清水清洗母猪臀部，以尾巴为半径绕一圈为清洗面积，从阴户中间向周边清洗，洗到见白为最佳。

（4）打开阴户黏膜前清洗手且手不触碰到黏膜，用双蒸水从上向下进行清洗后用卫生纸擦干净，擦时只允许用不触碰手的卫生纸面从上到下擦一次（一张纸巾只擦一次，擦两次需换纸巾）。

2.吻

在所有准备工作完成只需插管输精后才赶入公猪，每头公猪同时接触母猪数为3～5头，保证公母猪之间口鼻部的接触，且公猪疲劳了必须换一头。

3.插

图4-14　准备输精管

扫一扫
观看"公猪精液
质量检查"视频

（1）从密封袋中取出无污染的一次性输精管（手不准触其前2/3部），擦干净润滑剂瓶开口处，给输精头（后备母猪使用海绵头为尖头的输精管，经产母猪使用海绵头大且圆的输精管）涂上润滑剂，注意润滑剂不能堵塞输精头（图4-14）。

（2）插入输精管时，输精管头半入时注意观察是否有脏物，再以45°角插入3～4厘米然后逆时针方向平行插入；插入时当感觉有阻力就不需要再向前，向后回拉检查是否锁住，轻轻回拉不动时说明输精管被子宫颈口锁住。

（3）从精液箱中拿出精液瓶，确认输精信息正确后，将精液瓶轻轻摇匀，接上输精管后先排出输精管内空气和确定是否通畅，排空气时只允许轻挤压再松开，经过多次轻挤压确保空气是回到输精瓶内而不是排向子宫内，然后开始输精，确保精液不回流（图4-15）。

图4-15　输精（一）

4. 压

整个输精过程要保证母猪绝对静立，配种员可以模仿公猪爬跨。

5. 摸

边输精边加大对母猪的按摩力度，输精时配种员要找到母猪的敏感点，如阴户、肋部、乳房等进行充分的按摩，给母猪以强烈刺激，增强母猪的性欲。

6. 慢

人工授精的速度要慢，保证静立情况下让精液自动吸入，吸入时间为5～8分钟；自动吸入2/3瓶后因瓶中无空气和子宫颈内精液是饱和的，这时需等20～30秒再在瓶底打针孔眼（图4-16、图4-17）。

图4-16　输精（二）　　　　　　　　　图4-17　输精（三）

7.留

当精液全吸完后，最好把输精管前端折两下放入输精瓶，确保输精瓶不会脱落；输完精后再给母猪阴户按摩1～2分钟让精液更快到达受精部位；输精管留置3～5分钟后按顺时针方向拉出。

8.记录

每头母猪输精完成后，立即做好配种记录，如实记录输精时的具体情况（配种日期、预产期、配种员）并评分（表4-1），便于在返情、失配或产仔少时查找原因。

表4-1　配种三三三评分法

静立情况	差	轻微移动	几乎没有移动
锁住程度	没有锁住	松弛锁住	持续牢固紧锁
倒流程度	严重倒流	轻微倒流	几乎没有倒流

三、深部输精技术

猪人工授精技术（AI）是用人工器械采集公猪精液并对精液进行品质检查和稀释后，再用器械将精液注入发情母猪生殖道内，以代替公猪自然交配的一种配种方法。20世纪80年代人工授精技术在世界范围内迅速普及，目前在使用比较广的欧洲和北美等地区普及率已超过80%。

扫一扫
观看"精液稀释"
视频

近10年来，发达国家的猪人工授精技术又有了新的发展和突破，一种新的人工授精技术开始得到应用，即深部输精技术——将公猪精液送入母猪子宫内，使精子与卵子结合距离缩短，从而防止精液倒流，提高受胎率和产仔数。

1.猪深部输精分类

房国锋等根据输精的不同部位和方法将猪深部输精技术（DI）分为输卵管输精法、子宫角输精法、子宫体输精法3种。

扫一扫
观看"母猪人工输精"
视频

（1）输卵管输精法（IOI） 主要指腹腔内窥镜人工授精技术，即利用腹腔内窥镜装置，通过微创手术，将精液直接输入到子宫与输卵管的连接部。是一种创伤较小的手术，但是，腹腔内窥镜相对于其他的人工授精器械较为复杂，成本也较高，需要较高的专业水平和极为熟练的技术操作，可以应用于要求较高的科研试验。

（2）子宫角输精法 又称子宫深部输精法（DUI）。子宫深部输精的输精管是将改良的柔韧纤维内窥镜管内置于常规的输精管而制成，这种DUI输精内管管长1.8米，外周直径4毫米，内圈直径1.8毫米。使用时先将商用常规输精管插入子宫颈形成子宫锁后，再在管内插入DUI输精内管，内管穿过子宫颈，能够顺着子宫腔前进，可将精子输送至子宫角近端1/3处。不仅节省精源，还能够提高一些"脆弱"精子的使用效率，比如冷冻-解冻精子、性控分离精子等。早期的研究表明，母猪在发情到排卵的间隔时间上存在差异，使得一次子宫角输精方式在商业应用中极难操作，一般都采用两次输精的方法，或采用常规技术+子宫角输精技术相结合的方式进行输精，母猪的产活仔数相近，但总体而言，采用子宫角输精方式与常规方式相结合的技术，可获得更高的妊娠率，也就是说子宫角输精法最好进行两次输精，并需结合常规输精技术。

（3）子宫体输精法（IUI）　也称子宫颈后人工输精法（PCI），是将输入的精液越过母猪子宫颈直接送达子宫颈后的子宫体。现在常用的输精管有两种，一种是管内袋式，外观与普通输精管基本相似，但在输精管的顶部连接一个可延展的橡胶软管（置于输精管内部），在输精初期通过用力挤压输精瓶，使橡胶软管向子宫内翻出，穿过子宫颈而将精液导入子宫体内，如美国生产的AMG管；另一种是管内管式，在常规输精管内部加有一支细的、半软的、长度超出常规输精管约15厘米的内导管，能够在常规输精管内部延伸以通过子宫颈进入子宫体。对于因繁殖障碍疾病引起的配种问题，尤其对于阴道炎、子宫颈炎、子宫颈口损伤造成的久配不孕的母猪，可以提高其受孕率。

① 管内管式输精管内管插入的深度　根据猪的生理解剖学特点，猪的子宫颈长10～18厘米，大部分猪的子宫颈长13～17厘米，子宫体长5厘米左右，并且猪是多胎哺乳动物，两侧卵巢排卵，两侧子宫角妊娠。有研究表明，精子能够从授精子宫角的一侧运出，并且通过腹膜迁移通道送到另一侧子宫角。Vazquez等发现，当利用子宫深部输精技术给自然排卵的母猪输入含6亿个精子的20毫升精液时，既没有观察到卵子的单侧受精现象，也没有见到其局部两侧受精现象。Martinez等通过腹腔镜将母猪的两侧子宫角切断，随后诱导其发情并输精，结果发现，精子能够经腹膜和子宫两种不同的途径到达对侧子宫角，并且使大部分卵子受精。另外的认识刚好与之相反，如果管内管式输精管的内管过长，输精后可能偏向某一侧的子宫角，造成一侧输卵管受精，则另一侧子宫角进入的有效精子相对偏少，或者没有输入精液，从而影响分娩率和产仔数。梅书棋等认为，猪的子宫体输精位置在子宫颈和子宫角分支之间大约5厘米处。姚德标等最早开始进行试验研究时提出适度深部输精，因为输精管内管只深入约10厘米，猪又有个体差异，所以不能确切判断输入部位是子宫体还是子宫颈前部，故称之为适度深部输精，

不称子宫输精。适度深部输精操作时，当外管插入到子宫颈口2～3厘米被锁住不能深插时，再将内软管前伸约10厘米（深部输精管可以深入15厘米），共计深入12～13厘米，此时输精部位恰好在子宫体内或在子宫颈前部，达到适度的深部输精部位，从而避免超过12厘米可能导致猪中最小个体出现单子宫角输精。姚德标等分别进行适度深部输精80毫升和常规输精80毫升，结果显示，适度深部输精后平均每胎总产仔数13.57头、产活仔数12.62头，比常规输精组分别提高1.44头和1.36头，内管插入10厘米可以取得较理想的输精效果。

② 管内袋式输精管　采用美国AMG深部输精管，对自然发情的母猪在放松状态下进行输精。当输精管在母猪体内停留2～4分钟后开始用力挤压输精瓶，使橡胶软管向子宫内翻出，穿过子宫颈而将精液导入子宫体内。输精时输精管需保持稳定，以免刺激母猪。结果表明，深部输精和本交的产仔数和产活仔数差异不显著（$p > 0.05$），但常规输精的产仔数和产活仔数明显高于本交和深部输精。

2.输精时间

母猪的发情期通常持续40～50小时，其中35～40小时为排卵高峰，卵子的成熟大约需要2小时。精子进入母猪的生殖道后需要4小时的时间成熟，成熟的精子12小时内活力最强，是受精的最佳时期。配种的最佳时间为发情后的30小时，即排卵前的6～12小时。

艾德生等利用深部输精技术与普通输精相比，每次输精剂量为30亿～40亿个活动精子，在窝产仔数上几乎没有差异，深部输精平均窝产仔数为12.60头，而普通输精为12.67头。猪场内深部输精试验表明，常规输精的产仔数和产活仔数均高于深度输精，但两者之间差异不显著，与通常鉴定的发情配种时间相比，深部输精的配种时间有所延迟，有可能错过最佳配种时间，影响深部输精的预期效果。在输精时间上，要根据膘情评定、断奶后发情时间确定第1次输精时间，在起初阶段有必要进行第2次输精，可参考表4-2。

表4-2　母猪深部输精时间

断奶后发情时间	第1次输精时间	第2次输精时间
1～4天	发情后24小时	与第1次间隔8～12小时
5～6天	发情后12小时	与第1次间隔8～12小时
7天后	发情后立即	与第1次间隔8～12小时

3.输精时对环境的要求

传统的人工授精方法即子宫颈输精法在输精时通过不断抚摸母猪的臀部、外阴、乳房、腹侧等敏感部位，沙袋负重及让母猪与公猪接触以刺激母猪的性欲，使子宫收缩产生负压，促进精液吸纳。然而，类似的刺激对子宫体输精具有一定的副作用，因为子宫颈收缩往往会把输精管锁住而使其更加难以插入，所以子宫体输精时给母猪营造一个安静、放松的环境，有利于输精。

4.精液稀释剂的研制

在猪自然交配或人工授精后，大约有45%的精子是通过阴道溢流而损失，此后，子宫的免疫反应随之被激活，嗜中性粒细胞通过吞噬消化方式清除子宫内的精子。子宫体输精时精液越过母猪子宫颈直接送达子宫颈后的子宫体，在猪精液稀释液中可添加免疫抑制剂及其他成分，寻找调控人工授精诱导子宫局部免疫反应的方法，降低子宫局部免疫反应，增强精子获能和顶体反应，提高猪人工授精效率。

第四节
B超孕检技术

一、目的

利用B超对参配母猪进行早期妊娠检查，提高母猪的年产胎次，降低非生产天数，降低饲养成本，提高经济效益。

高效养猪全彩图解＋视频示范

二、工具

兽用B超机，耦合剂，蜡笔，空怀记录表，笔。

三、检查准备

1.检查

B超机器主机、探头、电池（如果可拆卸）、充电器是否齐全，是否能正常工作，调节好对比度以适合当时当地的光线强弱及检测者的视觉，探头均匀涂布耦合剂。

2.操作

操作者将B超连接线从颈部绕过。左手固定仪器，右手握笔式持拿B超探头。手持探头呈握笔式B超检查优点就是可以利用空出来的3根手指在检查时做一些辅助动作，比如清理检查部位的脏东西，也方便撩开高胎次母猪过多的皮下褶皱进行检查。

四、B超检测

1.检测区域

检测时手握探头从母猪倒数第三和第二个奶头，偏靠于第二个奶头部位上方5厘米处，探头和母猪脊背所形成的角度为45°，手持探头贴近母猪检测部位皮肤查找母猪孕寰时可向前后慢慢平移探头即可找到清晰的孕寰。B超探头再往后移，找到膀胱的位置，膀胱比较充盈时比孕寰要大得多，不充盈时可以根据检测部位，也可以根据多个孕寰的B超图像来判断是否为膀胱。

扫一扫
观看"母猪怀胎
B超检测"视频

2.调整位置

图像不清楚时可向前、向后或向侧面转换一下测定仪探头的角度，直到看见扫描图像为止。有时会出现仅在一个子宫角有孕寰，所以我们要在另一侧对子宫重新检测一次（图4-18、图4-19）。

图4-18　B超检查（一）

图4-19　B超检查（二）

3.图像锁定

出现清楚的图像后按定格键把图像画面定格，随后B超图像检查分析是否空怀，胚胎发育是否正常（图4-20、图4-21）。

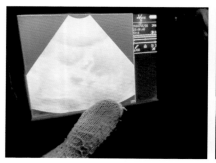

图4-20　B超检查（三）

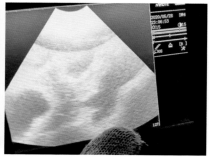

图4-21　B超检查（四）

第五节
母猪生产批次化管理技术

一、母猪生产批次化介绍

与欧洲国家相比，疫病感染、营养饲料、环境控制以及管理等因素导致我国母猪繁殖生产水平与欧美等发达国家存在较大差距，如何提高母猪繁殖和生产能力，已经成为我国养猪产业的首要问题。

后备母猪利用率低，达到体成熟和性成熟的时间和体重后不能及时发情配种，主要是因环境和饲料污染造成的。

经产母猪断奶后7天内发情率低，尤其是头胎母猪以及夏季窝产活仔数低以及健仔率低。

在母猪定时输精技术成功的基础上，对母猪生产实行了批次化管理。国内母猪定时输精技术的试验研究是国家科技支撑计划——"动物快繁技术研究和示范"项目研究内容的一部分，其目标是建立规模化猪场的快繁示范技术。

母猪批次化生产是利用生物技术，根据母猪群规模按计划组织批次化生产，提高母猪群生产性能的高效管理体系。欧洲国家规模化猪场大多采用母猪批次化管理模式，母猪群规模在100～1000头。其中100～300头，5周一批次；300～500头，2～3周一批次；500头以上，1周一批次。

母猪生产批次化管理技术包括母猪定时输精技术，性周期同步化技术，卵泡发育同步化技术，排卵同步化技术，配种同步化技术以及母猪分娩同步化技术。

1.母猪性周期同步化技术

（1）后备母猪性周期同步化　烯丙孕素是一种黄体酮类物质，具有抑制性周期活动的作用，每天口服，相当于处于性周期的黄体期。烯丙孕素也能促进母猪生殖道的发育，提高后备母猪的利用率，增加子宫容积，提高后备、头胎母猪的产仔数。

（2）经产母猪性周期同步化　断奶就是发情同步化的过程，哺乳期间高浓度的催乳素抑制了下丘脑GnRH（促性腺激素释放激素）的释放，但会形成1个由直径2～4毫米、30～50个卵泡组成的卵泡波。断奶后，催乳素浓度迅速下降，解除了对下丘脑GnRH的抑制作用，下丘脑开始有节律地释放GnRH，启动性周期。

2.卵泡发育同步化技术

血清促性腺激素（PMSG，ECG）能促进卵泡发育，卵泡发育数增加50%～80%可使用PMSG和HCG（人绒毛膜促性腺激素）的复方制剂，但有一个明显风险，即容易造成卵巢囊肿或卵泡黄体化，后者最大的可能是由过多的HCG引起的。

3.排卵同步化技术

在断奶母猪中，GnRH在PMSG用药后72小时处理，在后备母猪中，GnRH在PMSG用药后80小时处理，虽然HCG、LH（黄体生成素）或GnRHa（释放激素激动剂）也能模拟体内LH峰，但使用GnRH促进LH分泌更具有正常的生物学特性，通过促进FSH（促卵泡激素）和LH协同分泌，具有促进卵泡的最后成熟和排卵的作用，提高排卵数，同时可调整排卵时间，使之同步化。

4.配种同步化技术

采用定输程序，与自然发情相比，排卵会提前。注射时出现静立反射的母猪，有可能排卵时间会少于18小时。使用GnRH后24小时和40小时各输精1次，可以基本解决适时配种问题。

人工授精时添加缩宫素的原理：自然交配时母猪会产生大量催产素，催产素可促进更多的精子更快地到达输卵管的受精部位，但人工授精达不到自然交配的刺激水平。

5.分娩同步化技术

分娩同步化使用时间因母猪品种不同而不同，以40%母猪能分娩为标准，常在妊娠期第115天开始使用氯前列醇钠。

6.批次化管理的设计要点

（1）批次化　300～500头母猪，3周一批次；500头以上，1周一批次。

（2）繁殖周期　周批次时，哺乳期20天或27天繁殖周期分别为20周或21周。

（3）配种数　周批次母猪数，20或21；3周一批次母猪数，即20×3或21×3，可以更好地集中管理。

（4）后备母猪补充　根据经产母猪分娩分布情况有计划地进行

补充。

7.批次化管理优点

（1）有利于提高母猪群的繁殖性能。

（2）有利于生产的均衡性。

（3）有利于免疫管理提高免疫合格率。

（4）有利于健康管理。

（5）有利于及时发现子宫内膜炎病猪，及时淘汰，减少非生产天数。

（6）更好的工作效率，有计划性，工作集中。

（7）更好的人工授精管理和最佳的带奶（寄养，要求两者差异少于24小时），管理产仔更为集中。

二、批次化的参数确定

1.批次生产计算的理论基础

（1）母猪的繁殖周期　母猪完整的繁殖周期包括妊娠期115天、哺乳期21～28天和断奶-配种间隔。如果要实现以整周为批次的生产时，需要让繁殖周期是7（1周7天）的倍数，妊娠期和断奶到配种间隔受控力较差，而哺乳期的时间相对来说较为容易，所以生产中可以调整哺乳期的时间让其适应整周批的生产节律。

（2）产房使用时间　实行整周批时，产房使用时间（从妊娠母猪上产床到分娩舍终末消毒完成再到下一批次母猪上产床的时间）为批次数（整周批时为7×n天）的整数倍，便于配种批次可以完整地进入分娩舍，设计的天数断奶后依然可以按照设计的配种计划发情配种，从而避免每个批次的母猪被拆分和合并。另外，还需要考虑产床的数量、产房组数、哺乳期、提前上产床时间、清理时间等。

2.母猪批次化生产设计需要考虑的因素

基础母猪群数量；栏舍数量与构造，包括产床数、限位栏数、保育舍栏位数、育肥舍栏位数；生产情况，如哺乳期、栏舍清理消毒时间等；公猪精液来源；后备母猪补充条件；人员安排；其他。

3.批次化管理的参数确定

生产批次取决于母猪生产周期的长度和每两个生产批次之间的间隔时间。

生产批次数（母猪分群数）=生产周期长度/各批次之间的间隔时间

母猪的繁殖周期：妊娠期（115天）+断奶-配种间隔（5天）+哺乳期（19～28天），数值一般为140～147天。

产房使用时间：提前上产房时间+哺乳期（19～28天）+产房冲洗时间，数值一般为28～42天。

计算步骤如下。

（1）根据猪场规模和实际情况确定批次（表4-3）

表4-3　母猪头数和批次确定

批次模式	适用规模（经产母猪头数）
半周一批次	>1200头
1周一批次	500～1200头
3周一批次	200～500头
4周一批次	<200头
5周一批次	<200头

（2）确认生产批次后的基本数据计算　在选择生产批次间隔后，母猪的生产繁殖周期（140～147天）、哺乳期、母猪分群、产房单元数、每单元产床数、产房使用周期等相应会确定。

例如：以某猪场选择4周批，数据计算如下。

4周批：根据要求，4周批母猪的繁殖周期为140天，哺乳期则为21天；产房使用周期（从妊娠母猪上产床到下一批次母猪上产床的时间）为28天，哺乳时间为21天，清洗+母猪提前上产床时间为7天；产房组数=产房使用周期/几周批，即28/（4×7）=1组；那么猪场母猪分群数为繁殖周期天数/批次间隔=140/28，为5组。也即4周批生产是5组母猪在循环。

4.生产计划的设置

生产计划需要根据历史生产成绩如配怀率、分娩率等进行设置。具体可参考本章节"二、批次化的参数确定"和第五章第八节"四、批次化生产和管理工作流程的制定"。

（1）整周批次数据（表4-4）

表4-4　整周批次数据

项目	1周批（a）	1周批（b）	2周批	3周批	4周批	5周批
哺乳期/天	21	28	21	28	21	21
繁殖周期/天	140	147	140	147	140	140
母猪分群	20	21	10	7	5	4
产房单元	4/5	5/6	2/3	2	1	1
提前上产床+清洗/天	7/14	7/14	7/21	14	7	14

（2）非整周批次数据（表4-5、表4-6）

表4-5　非整周批次数据（一）

项目	8周批	9周批	10周批	11周批	12周批
哺乳期/天	25	25	21	24	25
繁殖周期/天	144	144	140	143	144
母猪分群	18	16	14	13	12
产房单元	4/5	4	3	3	3
提前上产床+清洗/天	7/15	11	9	9	11

表4-6　非整周批次数据（二）

项目	13周批	16周批	18周批	25周批	36周批
哺乳期/天	24	25	25	31	25
繁殖周期/天	143	144	144	150	144
母猪分群	11	9	8	6	4
产房单元	3	2	2	2	1
提前上产床+清洗/天	15	7	11	19	11

（3）计算批次化步骤（表4-7）

表4-7　计算批次化步骤

类型	母猪分群	产房单元	哺乳①	空栏	批分娩②	产房存栏母猪③	
几周批/几天批	几个群体	几个单元	哺乳几天	清洗消毒干燥天数、提前上产床天数	单元产床利用最大数	至少有几批母猪在产房	②×③
	繁殖周期/天 5+114+①	产床数					
类型	配怀舍④	配种数/85%⑤	孕检前⑥	孕检后⑦	配怀舍存栏⑧	定位栏	合计母猪
	几个群体	②/0.85	配种后30~42天之前的批次数	配种后30~42天之后的批次数	‘=⑥×⑤+⑦×②×1.05	>⑧ <⑤×④	⑧+③
类型	年生产批次		年产胎数			年产胎次	
	365/几天批		年产批次×批分娩窝			年产胎数/合计母猪	

（4）批次化计算表格应用　以猪场选择3周批和4周批，产房有100张产床（未分组）为例，进行简单导入计算（表4-8、表4-9）。

表4-8　3周批次化计算表

类型	母猪分群	产房单元	哺乳①	空栏	批分娩②	产房存栏母猪③	
3周批	7组	2单元	28天	14天	50头	1组	50头
	繁殖周期147天	2×50个					
类型	配怀舍④	配种数/85%⑤	孕检前⑥	孕检后⑦	配怀舍存栏⑧	定位栏	合计母猪
	6组	59头	2批	4批	328头	>328头 <354头	378头
类型	年生产批次		年产胎数			年产胎次	
	17.4批		870胎			2.3	

表4-9 4周批次化计算表

类型	母猪分群	产房单元	哺乳①	空栏	批分娩②	产房存栏母猪③	
4周批	5组	1单元	21天	7天	100头	0组	0头
	繁殖周期140天	100个					
类型	配怀舍④	配种数/85%⑤	孕检前⑥	孕检后⑦	配怀舍存栏⑧	定位栏	合计母猪
	5组	118头	1批	4批	538头	>538头<590头	538头
类型	年生产批次	年产胎数			年产胎次		
	13批	1300胎			2.4		

三、母猪批次化生产具体操作和注意事项

1. 母猪批次化生产具体操作

（1）断奶母猪的定时输精。

（2）断奶7天内不发情母猪的定时输精程序。

（3）不发情经产和空怀母猪定时输精程序。

（4）后备母猪的定时输精程序。

（5）不发情后备母猪定时输精程序。

2. 母猪批次化生产注意事项

（1）PMSG使用剂量，初产母猪及高温季节用1000国际单位，其他经产母猪和非高温季节用800国际单位。

（2）使用定时输精程序时，大部分母猪在注射激素的时间点都有发情表现，注射激素后24小时，大部分母猪都有静立反射，但不管发情表现如何，输精时间必须严格执行。

（3）公猪诱情和配种方法按本场的方式执行。

（4）断奶母猪隐性发情比例约5%，故需100%配种。

（5）已配种母猪，一旦发现返情者，肌内注射GnRH200微克，

24小时和40小时后各输精1次，共3次。

（6）其他配种后23天B超检查，可疑者配种后28天B超再检查1次，空怀者采用另一种定时输精程序。

（7）后备母猪常连续15天口服四烯雌酮，16毫克/（天/头），使之同期化，停用后24～42小时再用程序。四烯雌酮具有促进子宫发育的作用。

（8）不发情经产母猪和空怀母猪可能存在黄体而影响发情，故可用氯前列醇钠消除黄体。

（9）配种时，将10国际单位缩宫素注入精液中马上输精，可适当提高产仔数。

第五章

猪的饲养管理

后备母猪饲养管理

一、后备母猪选种技术

科学地选留后备母猪（图5-1、图5-2），对提高其生产、繁殖和

图5-1　后备母猪（一）　　　　图5-2　后备母猪（二）

性能，并延长其使用寿命和增加养猪户（场）的经济效益，起着十分重要的作用，应做到以下几点。

1. 询查系谱

应询查后备母猪的父母代生产成绩，无遗传缺陷，同胎至少9头以上，仔猪初重1.2～1.5千克，乳头多且排列整齐，体形好的仔猪留作后备母猪。

2. 多次选种

仔猪28日龄或35日龄，体重在7.5千克以上进行初次选种，有效乳头6对以上且脐部以前至少有3对，无瞎奶和赘生小乳头，阴户端正，四肢稍高且结实有力，前胸开阔，后臀丰满；第二次选种在70日龄左右，这时应注意体形外貌，毛疏而光，皮红而润且富有弹性，背腰平直，肢体健壮整齐，乳头粗大而突出，阴户发育良好；第三次选种在5月龄左右，在前两次选种的基础上进行精选，总体要求能够正常生长发育，保证不瘦不肥的种用体况，性成熟和体成熟平行发展，能够如期发情配种。

3. 其他方面

除询查系谱和多次选种外，还应从某些疾病方面考虑选种，如初产母猪患细小病毒病而产了带有木乃伊胎的活仔猪，其可能是细小病毒病的携带者，不能留作后备母猪，患过喘气病、繁殖与呼吸综合征等疾病的母猪所产的仔猪不能留作后备母猪，此外，也不要在头胎母猪和老龄母猪的后代中选留后备母猪。

4. "二元母猪""三元母猪"选种方案

（1）长×大、大×长"二元母猪"选种方案

① 体形外貌：皮毛全白、体形高长、体质结实、腿臀丰满、肢蹄健壮、有效奶头6对以上、排列均匀、外阴周正。

② 生长及胴体性状：期间平均日增重700克，6～7肋间背膘厚1.8厘米，胴体瘦肉率63%。

③ 繁殖性状：母猪情期受胎率90%以上，母猪分娩率97%以

上，年产2.2胎，初产母猪初产活仔数9头，25日龄断奶8.5头以上，经产母猪初产活仔数11头以上，25日龄断奶10.5头以上，断奶体重平均7千克以上。

（2）"三元母猪"选种方案

① 体形外貌：皮毛全白、背宽体阔、面目清秀、四肢发达、性格温驯、有效奶头6对以上、排列均匀、外阴周正。

② 生长及胴体性状：期间平均日增重700克，6～7肋间背膘厚1.6厘米，胴体瘦肉率65%。

③ 繁殖性状：母猪情期受胎率90%以上，母猪分娩率97%以上，年产2.2胎，初产母猪初产活仔数9头，25日龄断奶8.5头以上，经产母猪初产活仔数11头以上，25日龄断奶10.5头以上，断奶体重平均6.5千克以上。

④ 防疫要求：引入母猪必须提供"非洲猪瘟"血检测定阴性结果报告，另外不管外引或自留三元母猪，必须定期进行"非洲猪瘟"血检测定。

二、后备母猪饲喂技术

饲养后备母猪时要根据不同的成长阶段，调整猪饲料的配比和饲养方式，因为后配母猪的饲养方式关系到母猪初次发情的时间、日增重以及配种时的受孕率等，因此，要十分重视饲料的配比，以下是后备母猪的饲喂要点。

（1）后备母猪体重达到50千克以后，换成专用的后备母猪饲料。

（2）后备母猪体重在50～90千克阶段，自由采食，至少保证每头每天能吃2.5千克饲料。

（3）90千克至配种前10～14天，适当控制喂料量，实行控制饲养，即可控制体重的高速增长，防止偏肥，又能保证各器官特别是生殖器官的充分发育。

（4）配种前14天开始进行催情饲养，提高饲养水平，实行短期优饲，增加母猪排卵数，从而增加第一胎产仔数。具体做法：后备母猪首次发情（不配）后至下一次或第三次发情配种前10～14天，提高饲养水平，每天给每头猪提供3.5～4千克饲料，实行湿拌料饲喂。

三、后备母猪隔离驯化技术

后备母猪是一个猪场的源头和希望，也是猪场疾病防控最关键的部分。后备母猪的饲养管理，关键在于隔离驯化。隔离驯化从字面上可以分为两层意思，一是"隔离"，与生产区的母猪隔离开，进行疾病的检疫；二是"驯化"，让后备母猪适应猪场的环境。猪场要怎么做到隔离和驯化呢，下面笔者就分别从两个方面进行阐述。

我们知道，新进的后备母猪需要进行隔离，以免外来病原造成生产区的母猪感染；或者由于离生产区太近，太早地接触生产环境，由于病原载量高，导致新进后备母猪发病。

1.后备母猪的隔离

一般要3个月来完成检疫、驯化的工作。举个例子，一个1000头的母猪场，按照40%的年更新率来计算，一年需要400头后备母猪。假设猪场是规律性地进行后备猪的更换，每个月更换400÷12=33.33头。3个月就是100头后备母猪，所以猪场要建后备隔离舍，至少需要能够容纳100头后备母猪的空间隔离舍，是为了将后备母猪与生产母猪完全隔开，所以后备舍最好独立于生产区，如果隔离舍无法建到生产区的外面，那后备隔离舍要与生产猪舍有合适的距离，并且后备舍的员工专门管理后备舍，不与其他猪舍员工交叉。

后备母猪进入隔离舍之后，首先要做的就是检疫。通过采血检疫，判断后备母猪是否携带外源病毒，或者有常见病原的感染。这样的检疫最好每隔一个月做一次，至少要在后备猪进来的第二天及准备并群的前一周采血检测两次。通过阶段性的检测，可以了解后备猪是否有排毒。除了抗原的检测，还要对抗体进行检测，以确定是否做好了驯化。

2.驯化的方法

驯化，实际上是为了让后备母猪了解猪场内部的病原环境，在第一次配种前体内有足够的抗体，使其妊娠期免受疾病感染。对后备母猪驯化的方法有以下几种疫苗免疫，是常规的驯化方法。猪场疫苗免疫的疫苗品种和免疫程序一般都是固定的，所以可以让后备母猪与经产母猪产生相同类别的免疫抗体。疫苗免疫一般从6月龄开始，2个月左右将所有的疫苗打完，疫苗打完7～14天后就可以并群配种，并与经产母猪混养，进行排泄物驯化。因为很多猪场会选择即将被淘汰的健康经产母猪到后备舍的大栏中与后备母猪混养，通过经产母猪的水平传播，让后备母猪适应一些比较常见的病原。经产母猪一般几头轮换，每一个大栏放一头经产母猪，1周后进行顺序轮换，让后备母猪与不同的经产母猪接触。排泄物驯化则是将经产母猪或者仔猪的粪便带到后备母猪大栏里，让后备母猪接触粪便中的病原。这种方法一般选择仔猪的腹泻产物，让后备母猪接触病原，产生抗体，通过初乳传给仔猪，防止头胎母猪产的仔猪发生腹泻。血清注射驯化，这种驯化方法并不是很常见，因为有一定的操作要求，所以一般只有规模化猪场有自己的实验室或者与高校或研究所合作才能完成。以蓝耳病的驯化为例，有的猪场怕疫苗毒与自己场内野毒亲缘关系远，所以从感染猪体内采血清，再将含有病毒的血清注射到后备母猪体内，相当于做了蓝耳病毒的免疫。这种驯化方法有一定的风险，但是也有较高的临床意义。

后备母猪的隔离和驯化是每个猪场都需要的，不论是外购后备母猪还是自繁自养，都要让后备母猪在并群之前有一定的免疫基础，并且停止各种病原的排毒期。所以对于后备母猪蓝耳病的控制和驯化，无论是疫苗免疫还是血清注射，都建议在免疫或注射前7天和后14天使用爱乐新160毫克/升，并且在后备母猪进入隔离舍后以及并群前各14天使用爱乐新160毫克/升，控制蓝耳病毒的病毒血症，避免长时间排毒，特别是并群后的排毒。

对于支原体的驯化，则要相对困难一些，因为支原体的排毒期比较长，可以超过200天，所以可能后备母猪一直到了产床上还在排毒。而仔猪感染支原体的主要途径就是产房的母传仔，所以母猪在分娩前后各7天使用爱乐新160毫克/升，可以有效地控制支原体母传仔，降低仔猪保育、育肥期发生呼吸道疾病的概率。

第二节
公猪饲养管理

一、公猪饲喂技术

　　良好的营养是保证种公猪具有良好的精神状态、旺盛的性欲、优良的精液品质、发挥正常繁殖性能的前提和物质基础（图5-3、图5-4）。保证种公猪的日粮营养要全面，适口性好，易消化，保持较高蛋白质和氨基酸的供给，充足的钙磷，同时满足维生素A、维生素D、维生素E及微量元素的供给，营养物质充足才能保证种公猪具有旺盛的性欲和优良的精液品质。那么，公猪该怎么合理饲养呢？

图5-3　公猪（一）

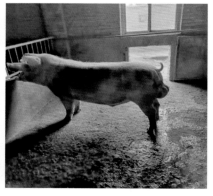

图5-4　公猪（二）

1.满足蛋白质和氨基酸的需求

蛋白质和氨基酸是精液和精子的物质基础。蛋白质对种公猪精液量和质量有重要影响，一般公猪每次配种射精量为350毫升左右，蛋白质约为3.7%，所以种公猪日粮中必须含有优质的蛋白质饲料。成年公猪或非配种公猪日粮中需含12%蛋白质，配种公猪日粮中需含14%蛋白质。日粮中可通过添加鱼粉、血粉或豆饼等物质补充蛋白质。氨基酸对公猪产生的精子数量、质量以及性欲有严重影响。其中赖氨酸的合理供给量为6.5～6.8克/千克日粮，如果日粮氨基酸含量低于2.5克/千克日粮，在7周内公猪产生的精子数量和质量以及性欲都会受到严重的影响。但是赖氨酸含量在6.8～12.0克/千克日粮内，也不能进一步提高公猪产生的精子数量、质量以及性欲。苏氨酸合理供给量为2.7克/千克日粮，但其需要随着公猪年龄及时作出调整。蛋白质和氨基酸摄入过量会引起血液尿素的浓度升高，血液尿素浓度升高则会引起公猪精子畸形率的升高。因此为了使公猪保持良好的繁殖状态，给予合理的营养十分重要。

2. 满足维生素的需求

如日粮中缺乏维生素A、维生素D和维生素E等，会导致种公猪睾丸退化萎缩，性欲降低，丧失繁殖能力。维生素A能抑制公猪生殖器官上皮细胞角质化，长期缺乏维生素A会导致公猪性反射降低，生育能力下降，严重影响精液品质。可通过饲喂适量的黄绿蔬菜补充维生素A，如胡萝卜、南瓜和空心菜等。维生素D能促进小肠对钙磷的吸收，促进机体生长和骨骼钙化，并能防止氨基酸通过肾脏损失，对精液品质有间接影响。可利用休闲时间让公猪每天沐浴阳光1～2小时，通过获取阳光中的紫外线来制造维生素D_3，机体再把维生素D_3转化为活性维生素D。维生素E与公猪生殖功能有着密切的联系，日粮中添加适宜的维生素E有助于提高公猪采精量、精子存活率及精子密度，改善精液品质。建议日粮中维生素E的含量以40国际单位/千克为宜。

3. 满足矿物质的需求

钙和磷在种公猪的矿物质营养需求中最重要，良好的骨化过程对钙、磷的需要比生长对钙、磷的需要更大，公猪钙和磷缺乏时，会导致腿骨的结构不理想，进而致使性欲和精液质量下降，甚至会导致性腺发生病理性变化，从而导致精子畸形率上升和活力降低，建议种公猪日粮中钙和磷的比例以1.5：1为宜，且食盐要充足，即钙15克/千克日粮、磷10克/千克日粮、食盐10克/千克日粮；硒缺乏对种公猪的影响是多方面的，首先影响公猪睾丸发育和精子的形成，精子原生质滴发生率高，精子浓度降低，活力不强，最终影响母猪的受胎率。锌与精子的稳定性密切相关，是多种酶的组成成分或激活剂，缺锌会阻碍公猪的精子生成，对性器官的原发性和继发性发育将产生不利影响，且在早期会出现睾丸萎缩，最终造成促睾丸素排放减慢、睾丸酮形成减少。日粮中可添加适量石粉、骨粉等相关矿物质，以满足种公猪配种的营养所需。

4.供给适当的纤维

日粮中添加适当的纤维可以增加公猪的饱腹感，帮助改变消化道内微生物数量，促进消化，减少消化道损伤，对保证公猪健康和旺盛的精力具有重要意义。且纤维对固醇类激素的调控也能发挥重大作用，这类激素可能对繁殖性能发挥作用。

5.正确饲喂

后备公猪在100千克以前处于快速生长期，这个阶段给予公猪自由采食，促使机体快速发育成长达到体成熟。待公猪体重在100千克以后定时限量饲喂，以防公猪脂肪囤积太厚影响繁殖性能，日喂量保持在3千克为宜，每天饲喂2次。成年种公猪定时定量饲喂，日喂量保持在2.5～3千克为宜。冬季可适度提高饲喂量，夏季天气炎热，公猪食欲有所下降，可提高日粮的营养成分后适当降低饲喂量，同时保持充足的干净饮水。长期给公猪饲喂鸡蛋，可显著提高公猪精子活力，为了使公猪保持良好的繁殖状态，公猪应每日饲喂1枚鸡蛋。

扫一扫
观看"公猪饲喂"
视频

二、公猪管理技术

1.加强管理

饲养技术人员每天必须观察公猪健康状况，要求公猪健康状况良好，同时对公猪饮食状况了如指掌，掌握猪舍内温度变化，要求猪舍内温度控制在16～25℃，猪舍内湿度一般控制在65%左右，猪舍湿度不宜太大。公猪要求每天根据不同公猪大小、公猪体况进行限量饲喂，一般2.5～3.0千克/天，保证公猪3分膘情，保证公猪体态健康，精力充沛，性欲旺盛。

2.加强运动

公猪站公猪每天在适宜气温，一般夏季选择早上5:00～7:30，冬季选择在下午6:30～8:30进行自由运动30～60分钟，确保公猪肢蹄结实有力，严禁公猪运动及刷拭过程中敷衍了事。要求公猪干净，身上无粪便，定期给公猪沐浴，实行公猪的星级管理。

3.定期消毒

猪舍内定期除消毒，消毒液需要交替更换使用外，每隔一个月进行一次彻底的熏蒸消毒。猪舍外消毒池每周更换一次消毒液，坚决不能出现无消毒水现象，消毒池内消毒液必须交替使用确保消毒效果。公猪舍要求干净、干燥，人到粪清；猪舍内工具不得串栋，定期消毒。

4.饲料要精

公猪饲料严格熏蒸消毒，每次喂料前检查是否有发霉变质饲料，同时要求公猪饲料营养丰富，必要的时候给公猪补充蛋白质（鸡蛋）。

5.定期进行抗体检测，做好免疫工作

公猪要每月（至少每个季度）通过地方兽医权威检测机关进行血检，血检内容主要包括蓝耳病、伪狂犬病、猪瘟、细小病毒病、五号病、弓形体病、布氏杆菌病等病毒及场内对公猪的免疫情况等，保证公猪站公猪健康状况良好，同时做好免疫工作。

第三节
妊娠母猪饲养管理

一、妊娠母猪饲喂技术

饲喂的指导思想：受精是妊娠的开始，分娩是妊娠的结束。

1.饲养妊娠母猪的任务

（1）保证胎儿在母体内得到正常发育，防止流产。

（2）确保每窝都能生产大量健壮、生命力强、初生重大的仔猪。保持母猪中上等体况，为哺乳期储备泌乳所需的营养物质。

母猪妊娠第一个月有两个胚胎死亡高峰期，一个是在配种后的9～13天，是受精卵的着床期；另一个则是在受精后的第三周左右，为胚胎器官的形成分化期。所以妊娠后的第一个月，对于胎儿而言，营养水平并不一定要很高，但饲料的质量却要求很高。加强妊娠末期的饲养管理是保证胎儿生长发育，提高初生体重的关键环节。

2.饲养管理

（1）选择适当的饲养方式　妊娠前期可以混养（1.8～2.0米²/头），但不可拥挤，80天之后最好单栏饲养。每天饲喂2次，依据每头猪的膘情调整供应量，并增加饲喂量（因为对瘦弱的妊娠母猪增加饲喂量可以降低死胎数，提高分娩率和仔猪的初生体重）。妊娠第3个月，使母猪吃好，休息好，减少运动和调圈，从而降低死胎数和流产的发生，临产前应停止运动。对于体况较瘦的经产母猪，从断奶到配种前可增加喂食量，日粮中提高能量和蛋白质水平，以尽快恢复繁殖体况，如果达到断奶后7～10天有90%以上的猪正常发情则断奶母猪的膘情基本正

扫一扫
观看"妊娠母猪饲喂"
视频

高效养猪全彩图解＋视频示范

常。妊娠前期、中期只给予相对低营养水平的日粮，到妊娠后期再给予营养丰富的日粮。

（2）掌握日粮体积　根据妊娠期胎儿发育的不同阶段，既要保持预定的日粮营养水平，又要适时调整精粗饲料比例，使日粮具有一定体积，让妊娠母猪不感到饥饿，又不压迫胎儿。

（3）注意饲料品质　妊娠期日粮中无论是精料还是粗料，都要特别注意品质优良。不喂发霉、腐败、变质、冰冻和带有毒性或有强烈刺激性的饲料，否则会引起流产，造成损失。

（4）饲料种类不宜经常变换　下床前3天减料至1.5～1.8千克，防止乳腺炎发生；下床后2～3天到配种加料至2.2～2.5千克，可以对猪补饲催情，增加排卵（对经产母猪无效）、受胎率、产仔数。

① 配种～7天限料。当前研究表明，胚胎死亡主要发生在配种后72小时内，此期进食量从1.8千克/天增至2.5千克/天，胚胎死亡率显著提高。此后提高采食量并不影响胚胎死亡率，但对肥胖母猪增加饲喂会增加胚胎死亡。

② 7～37天胚胎细胞分化阶段，营养需要量较低，每天供给量1.8～2.2千克。

③ 37～75天体况恢复期适度增加供给量（0.5千克左右），不影响胚胎成活率，每天供给量2.3～2.5千克。

④ 75～100天乳腺发育的关键时期，饲喂过量则乳腺发育受阻、分泌细胞数量减少，产后泌乳量研究表明，肥胖母猪日泌乳量可减少1.91千克，所以避免饲喂过量，保持适当体况，每天供给量2.0～2.2千克。

⑤ 100～112天是胚胎呈指数级生长的时期，50%初生体重此期生长，日喂量增加1.5～1.8千克，饲喂不足会使母猪体组织分解、消瘦，钙、磷不足，高产母猪出现产后瘫痪，饲喂不足导致母猪分娩后不愿采食，妊娠期最后2周增加饲喂可预防上述情况。3.5～4.0千克妊娠期限饲的好处：增加胚胎存活；将减少母猪分娩困难；妊娠哺乳期体重损耗减少；饲养成本降低；延长繁殖寿命等。但妊娠期限饲不是妊娠期喂量过小，因为妊娠期喂食量过小

会造成母猪妊娠增重不够，仔猪初生重小，泌乳量和仔猪成活率下降，从而造成母猪泌乳期过瘦，断奶后长期不发情等问题的发生。但如果妊娠期喂量过大还会增加胚胎死亡和分娩障碍并阻碍乳腺发育，降低泌乳期采食量而导致失重过多或泌乳期太胖，造成断奶母猪断奶配种间隔时间延长，而且还增加饲料成本等。

3.科学的饲养管理的最终目标——理想的母猪膘情鉴定（图5-5、表5-1）

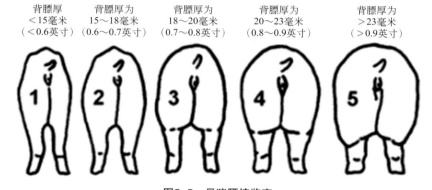

背膘厚
<15毫米
（<0.6英寸）

背膘厚为
15～18毫米
（0.6～0.7英寸）

背膘厚为
18～20毫米
（0.7～0.8英寸）

背膘厚为
20～23毫米
（0.8～0.9英寸）

背膘厚为
>23毫米
（>0.9英寸）

图5-5　母猪膘情鉴定

表5-1　母猪膘情评价

评分	体况	背部、臀部外观
1	消瘦	骨骼明显外露
2	瘦	骨骼稍外露
3	理想	手掌平压可感知骨骼
4	肥	手掌平压未感知骨骼
5	过肥	皮下脂肪过厚

所以饲养妊娠母猪一定要因猪而异，作为母猪饲养员一定要保证分阶段饲喂程序前提下，灵活对待每一头母猪，保证胎儿在母体内得到正常发育的前提下使其以最理想的膘情进入产房，并确保每窝都能产出健壮、生命力强、初生重大、多量的优秀仔猪。

4.妊娠母猪不同阶段采食量（表5-2）

表5-2　妊娠母猪不同阶段采食量

项目		处理		P值
天数/天	采食量	步步高	高低高	
0～3	日均采食量/（千克/天）	1.98±0.05	1.98±0.04	0.43
	总采食量/千克	5.93±0.14	5.94±0.13	0.43
4～30	日均采食量/（千克/天）	1.98±0.05	2.78±0.04	<0.01
	总采食量/千克	53.37±1.28	75.03±1.19	<0.01
30～60	日均采食量/（千克/天）	2.7±0.10	2.30±0.08	<0.01
	总采食量/千克	79.50±2.94	67.40±2.48	<0.01
60～90	日均采食量/（千克/天）	2.7±0.10	2.30±0.08	<0.01
	总采食量/千克	79.50±2.94	67.40±2.48	<0.01
90～114	日均采食量/（千克/天）	2.9±0.07	2.90±0.06	0.77
	总采食量/千克	70.70±1.62	70.70±1.51	0.77
0～114	妊娠期总采食量/千克	289±8.00	286.50±6.98	0.76

二、背部测膘技术

背膘测定技术作为一种母猪体况的测量方法应用于指导猪的生产饲喂控制中，并应用于种猪的遗传改良中，且扮演着测量猪活体指标的重要有效途径之一，使生产和育种工作取得了很大的进展。本文对背膘测定在猪生产中的运用原理及应用方法作概述。

1.背膘测定技术的原理

背膘测定技术的原理是超声仪器发射的超声波在活体内传播时，遇到声阻值不同的组织交界处时会产生界面反射，产生一个较强的反射波（即回声），根据回声的强弱、分布即可推断不同组织在物体内的位置和大小，从而测量出其长度、周长、面积等信息。

由于猪的皮肤、脂肪、肌肉、骨骼、内脏、子宫壁、胎膜等不同组织间声阻值具有较大差异，能产生可识别的界面反射，因此这为背膘测定应用于猪的活体探测提供了基础。我们常用于动物活体估测的超声波频率在1～5MHz，尤以3.0～3.5MHz使用最为普遍。

背膘测量仪器主要分为A超和B超，A超是单晶体接收声波，对机体组织进行点估计，以波幅变化反映回声情况，数码表示。B超是多晶体接收声波，对机体组织进行区域性估计，以灰度实时超声反映回声情况，区域图像表示。随着技术的进步，B超应用日益广泛。猪活体各种不同组织间，由于密度、声阻值以及所处位置的深浅不同，返回由不同灰度的像素构成的图像，通过对这些图像的分析，我们便能迅速、直接地获得猪活体的某些胴体性状指标和肉质性状的数据。此外测定设备便于携带、操作简单，并具有减少对猪的应激的特点。因此，背膘测定成为目前指导生产和改良猪肉品质的主要技术之一，在提高猪的生产效益和评定胴体价值方面与传统方法相比具有明显的优势。

2.背膘测定方法与步骤

（1）清洗猪只　为了提高测量效率，我们根据猪只体表卫生状况，决定是否清洗猪只，一是方便操作人员测量，保护仪器；二是湿润猪只体表皮肤，洗去体表结痂或死皮，方便仪器探测，提高测量效率。

（2）确定测量部位　研究表明，背膘测定位置有肩胛后沿处、最后肋骨处、腰荐结合处离背中线4～6厘米的地方。

体测膘与实体测膘的相关分析及活体膘厚与胴体瘦肉率的相关分析结果证明，最后肋骨处和腰荐结合处离背中线5厘米处（B5、C5）可作为活体测膘的最佳部位。

根据中华人民共和国农业行业标准（NY/T 822—2004）《种猪生产性能测定规程》规定：生产性能背膘值是运用A超仪器测量的需测定腰荐椎结合处（P1）、胸腰椎结合处（P2）距背中线左侧5厘米处的两点背膘厚平均值。生产性能背膘值是运用B超仪器测量的需测定倒数第三和第四肋骨间距背中线左侧5厘米处的背膘厚。

（3）剔剪猪毛　因为超声波是不能在空气中传播的，所以在利用仪器测量之前，先用剔剪剪去测定部位的猪毛，方便测量仪器探头与猪皮肤的无缝接触。剪毛面积一般为5厘米×5厘米左右。此时若皮肤死皮结痂较多，便可用温水擦洗去痂。

（4）涂耦合剂　耦合剂是检测仪探头与猪皮肤之间的中间润滑剂，作为超声波从仪器发出到猪体表和从猪体表回到仪器的传播介质。所以耦合剂的作用是排除探头与猪体表之间的空气和作为超声波传播的介质。它是准确测定背膘所不能缺少的。

（5）正确测量　因为猪体表脂肪分为三层。所以不管是用A超还是B超，我们一般都能同时测量到三个数值，而正确反映猪只体况的是第三个数值。

测量时，尽量让猪只安静，避免猪只拱背或塌腰而使测量数据出现偏差。探头应直线平面与猪背正中线纵轴面垂直，不可斜切。同时探头应与猪背密接且不重压。

（6）读取记录数据　若为A超，读取仪器亮三个指示灯时的数值，记录下来。若为B超，观察并调节屏幕影像，获得理想影像时即冻结影像，测量背膘厚和眼肌面积，并加以说明标记。影像打印或保存处理。

3. 通过背膘测定指导猪的饲喂管理

根据NRC标准，母猪P2点背膘厚度每增加1毫米，其体重约增加5千克，而体重每增加1千克约耗能5兆卡。而胎儿的生长规律为：前期（1～36天），增重占总重的1%（可忽略不计）。中期（37～99天），增重占总重的50%（0.18兆卡/天）。攻胎期（100～114）天，增重占总重的50%（0.8兆卡/天）。一般情况下，胎儿及附属物包括仔猪增重16千克，羊膜及胎衣2.5千克，羊水等增重2.0千克，共计20.5千克，需要22兆卡能量。每增加1千克需要1.1兆卡能量。

妊娠母猪所需的能量包括自身代谢能、胎儿及附属物增重能、背膘调整能。各能量需要的计算公式如下：

日自身代谢能：ME=110×（增重/2+母猪调整前体重）×0.75

日胎儿及附属物增重能：BWE=胎儿增重×5兆卡/千克÷调整天数

日背膘调整能：PWE=(TP2–SP2)×5千克/毫米×5兆卡/千克÷调整天数

母猪日饲喂量：W=（ME+PWE+BWE）/E

其中，TP2代表调整后背膘值，SP2代表调整前背膘值，E代表饲喂饲料能量值。

三、背膘对母猪的影响

背膘情况和体况对母猪具有多方面影响（表5-3、表5-4，图5-6、图5-7）。

表5–3　初始母猪背膘厚对母猪终身繁殖性能的影响

体况	差	中	好
背膘厚/毫米	12.2	15.1	18.5
分娩胎次/母猪	2.8	3.5	3.8
产活仔数/母猪	14	30.9	32.8
断奶仔猪数/母猪	21.9	27.6	30.1

表5–4　母猪体况对母猪死亡率和年断奶仔猪数的影响

农场编号	母猪体况达标率/%	死亡率/%	断奶猪数/（年/母猪）
1	59.3	13.4	20.6
2	61.7	17.7	19.7
3	75.2	5.7	21.1
4	78.8	8.7	22.8
5	79.1	8.4	23.5
6	79.3	6.5	22.2
7	84.3	7.8	24.6

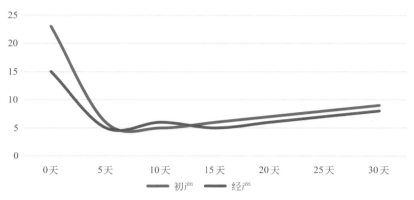

图5-6 母猪配种时的背膘水平与断奶-发情间隔的关系（单位：毫米）

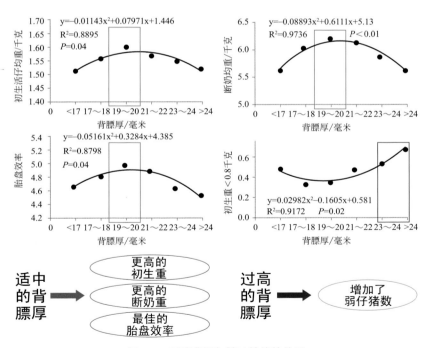

图5-7 母猪背膘与繁殖性能的关系

哺乳母猪饲养管理

一、哺乳母猪饲喂技术

在母猪哺乳期使用传统方法，用同样的混合饲料进行饲喂不能充分地满足需求。母猪在哺乳期和产仔后对营养素的需求改变很大，要大于其对蛋白质和能量的需求，让母猪以同样多的饲料产更多的奶，前提是饲料的组分和每日饲喂量符合母猪的需求。同时，在哺乳期间将母猪的体重下降幅度控制在10千克以下，或者完全避免体重减少也是可能的。实验结果表明，母猪体重的减少并不是其产奶量提高的前提，现代的高产母猪体重减少的原因是饲喂方法没有实现优化。有必要获取有关母猪对必需氨基酸和粗蛋白需求的知识。

扫一扫
观看"哺乳母猪饲喂"
视频

母猪在猪场担负的任务繁重。尤其是哺乳母猪，不但要完成自身营养的供给，还要帮助新生的仔猪提供生长发育、生存的营养条件。现在天气时热时凉，在冬春季节哺乳母猪会面临更加不利的生存环境，所以，科学调配哺乳母猪日粮和加强饲喂管理才是养猪朋友们必须首先要解决的问题。

1. 合理提高采食量，使母猪达到采食量最大化

（1）自由采食最好，不限量饲喂。在分娩3天后，逐步增加母猪采食量，在7天后采取自由采食。

（2）少喂勤添。要给母猪多餐制，每天喂4～8次。

（3）时段式饲喂。充分刺激母猪的食欲，可以增加其采食量。不管是哪种饲喂方式都要注意确保饲料的新鲜、卫生，切忌饲料发霉、变质（酸败）。

（4）供给母猪充足饮水，母猪平均每天需要约40升水。饮水不足或不洁可影响母猪采食量及消化泌乳功能。

2.科学地给哺乳母猪配制饲料

（1）提高能量水平。哺乳母猪的日粮消化能在14兆焦/千克以上，代谢能在13兆焦/千克以上。要采用玉米，其水分应控制在14%以内，其他指标要达到国标二等以上。避免粗纤维含量较高的原料进入日粮。

（2）增加粗蛋白含量。哺乳母猪日粮的粗蛋白含量可配到17%～18%，必须选择优质蛋白原料，建议不使用杂粮，而选用优质豆粕、膨化大豆、进口鱼粉等蛋白质原料；也可以在哺乳料中添加微生态制剂，增加粗蛋白的转换率，并且增强机体非特异性抗病能力，激活免疫系统，进行免疫调节。

（3）添加必要的维生素。在实际的生产过程中，饲料均不同程度地含有霉菌或霉菌毒素，而霉菌毒素可抑制某些营养成分（如维生素A、维生素D、维生素E、维生素K）的吸收。因此母猪驱霉排毒额外的补充基础营养的工作不容忽视，建议在母猪的日粮中全程添加优质多维，消除霉菌毒素负面影响，润肠通便，促进毒素排泄，增加母猪的基础营养。

3.母猪七阶段饲喂法（图5-8）

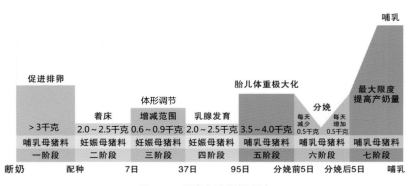

图5-8　母猪七阶段饲喂法

二、分娩监控技术

1.预产期

检查母猪卡，看是否到达预产期，母猪妊娠115天左右产仔。

2.症状

母猪出现嘴拱地、前肢趴地呈做窝状，突然停食，紧张不安，时而起卧，粪小而软，尿量少而次数频繁，说明当天即将产仔。

3.奶水

母猪前面的乳头能挤出乳汁，约在24小时后产仔；中间乳头能挤出乳汁，约在12小时后产仔；最后一对乳头能挤出大量乳汁时，约在4小时后产仔。

4.羊水

这是母猪临产的最准确最关键的信号，破羊水以后0.5小时左右产仔。

5.分娩监控

母猪产仔过程中，要记录产仔时间，监控母猪分娩状态及产仔间隔，及时发现难产并助产。母猪正常产仔间隔在10分钟左右/头为正常阶段，当产仔间隔超过20分钟要进行检查，根据母猪的表现针对性地选择方法进行处理（图5-9、图5-10）。

图5-9　母猪分娩（一）　　　图5-10　母猪分娩（二）

三、正确接产技术

初生仔猪的活力如何，决定着仔猪的吃初乳能力、抵抗力、免疫力、母猪哺乳期的采食量、泌乳力、子宫炎发生比例及下胎的繁殖成绩等。

仔猪的正确接产对仔猪的活力及各项生产成绩至关重要，仔猪正确接产分为以下五个步骤。

1.擦（擦口鼻）

仔猪生下来后，立即用吸水好的毛巾擦干净仔猪口鼻的羊水黏液，防止黏液阻碍仔猪呼吸和被仔猪吃进去或者吸入肺部，影响仔猪活力（图5-11）。

2.断（断脐）

观察仔猪脐带的粗细，判断是否容易出血，决定是否需要结扎，90%以上的仔猪是不需要结扎脐带的，不要使劲拉扯仔猪的脐带，在8～10厘米的位置用浸泡在消毒水中的剪刀剪断脐带或者用手掐断脐带，断脐后手要压迫着脐带，防止出血，再对脐带进行喷雾消毒。

3.干（干燥）

抓住仔猪的头部，放入盛有爽身粉的盒子里，稍用力擦掉羊膜，擦干仔猪全身，注意防止仔猪口鼻吸入爽身粉，四只脚上的羊膜需擦干净，仔猪站立能力会大大提高。

扫一扫
观看"小猪接产"视频

图5-11 擦拭仔猪

扫一扫
观看"刚生仔猪断脐"视频

4. 哺（哺乳）

帮助仔猪（10分钟以内）尽快吃到第一口初乳，针对活力差的仔猪进行灌服初乳10毫升，注意在母猪乳房部位垫上毛毯，仔猪不易着凉，站得更稳，能吃到更多初乳（图5-12）。

图5-12　哺乳仔猪

5. 记（记录）

对仔猪出生时间和初生重以及活力进行记录，以及时发现母猪的产仔异常情况，并对母猪产后护理方案提供依据。

四、常规助产技术

母猪难产，不同的人员也许会采取不一样的助产措施。但是很多时候助产后，母猪出现炎症、流脓、不食、断奶后不发情等情况也随之增加。

那么，如何对母猪进行正确助产操作才能减少对母猪的伤害呢？

扫一扫
观看"难产母猪助产"
视频

1. 难产的判断

（1）听　呼吸缓慢，呈老龄式呼吸。

（2）看　出气的状态，躺在那没有明显努责，没有见羊水或者胎粪排出。

（3）查　不努责或努责不明显，若超过30分钟不见仔猪出来，就要采取助产措施了。

2.常规助产6字诀：凉、静、摸、输、踩、拉

（1）"凉"　防暑降温，给母猪营造一个舒适的产房温度，防止热应激影响产仔速度。

（2）"静"　产房内保持安静，尽量减少环境给母猪带来的应激，避免惊吓及紧张。

（3）"摸"（乳房按摩）　位置：前面三个乳房最为敏感。手法：除大拇指外的四根手指并拢，稍用力压在母猪奶头周围，快速转圈按摩，可明显见到母猪乳房上抬，尾巴上翘等努责产仔现象。

（4）"输"（产中输液）　在母猪精神转差，呼吸比较慢、相对虚弱时及时进行：一般在母猪产下8头仔猪后开始输液，老母猪可以在产仔5～6头时输液，比较敏感的初产母猪可以在产仔8头以后进行。

（5）"踩"　母猪产力不足，但可见到腹部鼓起，尾巴有上翘时，可脱掉鞋子一只脚站在产床栏杆上，另一个脚去踩母猪腹部鼓起的地方，踩压的力度以母猪腹部被踩压时还能慢慢鼓起为宜（配合按摩效果更佳）。

（6）"拉"　仔猪到了阴户门口，戴上一次性手套赶紧帮忙将仔猪拉出。间隔30分钟没有产下下一头仔猪时，需要进行紧急助产。

五、紧急助产技术

母猪难产是母猪胎水排出后，如反复用力阵缩，仍不见胎儿排出便是难产，一般来说产程超过4个小时的均为难产。难产造成母猪体能消耗过大、气血亏损、抗病力差，产后的发病率高，若管理不善还有可能导致母猪产后死亡；难产母猪奶水不足、乳质量差，影响仔猪抗病力，容易造成仔猪腹泻；产程过长，胎儿在子宫内滞留时间过长，容易形成死胎。

1.探

拿一根干净的输精管轻轻插进母猪产道来回试探，若把输精管插进整个长度的一半或三分之二时感觉有阻力，就表明有仔猪卡在母猪产道上，必须尽快实施人工助产；若来回试探没有感觉到阻力就说明胎儿还在母猪子宫里并没有卡住，此时不需要掏产，耐心等待即可。

2.站

如果用输精管探过，发现仔猪因胎位不正而无法正常进入产道，我们可以把躺着的母猪赶起来，让其站立或者走动一段时间，然后换一边躺下，这样有利于调整胎位。

3.灌

让母猪保持站立姿势，然后给母猪灌一瓶宫炎净，这样做是为了润滑母猪产道，镇痛消肿。

4.助

做完上述三个步骤后，使用常规助产推踩方法，让一个饲养员脱掉鞋子后一只脚站在产床栏杆上，另一只脚去踩母猪腹部鼓起的地方，另外一个饲养员则按照顺序给母猪乳房按摩。

5.掏

掏之前，手臂要进行消毒，手需提前戴好一次性手套，操作者蹲在产床下，与母猪躺位一致。将手缩成锥状，旋转式慢慢深入母猪产道，之后调整好仔猪胎位，将胎儿慢慢地拉出来，若胎儿是臀位时，千万不要拉得太快，否则极易造成产道损伤。若遇到胎儿过大和产道狭窄的问题，建议大家采用绳索或者铁钩，利用外力将仔猪拉出来，并做好掏猪记录。

6.剖

如果出现胎儿过大而产道过小掏不出来、母猪不用力或者产前脱宫等情况，估计母猪体内还有很多仔猪，此时可以进行剖宫产。

六、产中输液技术

猪分娩本身就是一项高强度、长时间的体能挑战过程，是爆发力和耐力的一种检验。一般母猪的分娩过程可持续6小时以上，特别长的可持续1天，最长的可持续3天。而现代母猪的饲养管理由于使用了限位栏，母猪运动严重不足，子宫、阴道和辅助分娩肌肉的收力不足；母猪延期分娩预示着羊水不足、胎儿发育不良、胎儿的均匀度差和青年母猪胎儿过大、产道狭窄等，分娩阻力比较大；分娩过程的剧烈疼痛、呼吸急促引起的呼吸性碱中毒等，很难应付这种长时间、高强度的分娩应激。体力耗尽、极度疲劳、剧烈疼痛和代谢紊乱可导致分娩停顿或中断，使母猪分娩时间显著延长、分娩胎儿死亡率增加，母猪产后体力、食欲恢复慢、奶水质量差、产后感染严重等。加强母猪的分娩护理可以缓解母猪的分娩疲劳、降低母猪的分娩疼痛和纠正代谢紊乱，是分娩护理的重点和中心工作，而输液是缓解疲劳、缓解疼痛和纠正代谢紊乱最有效的方法，但必须高度关注输液的目的。当前，相当一部分规模猪场嫌输液操作麻烦、操作不到位或不愿意输液，也有相当一部分猪场意识到了给分娩母猪输液的益处，一直在做输液工作，但以输抗生素消炎为主，不明白输液的目的。其实给分娩母猪输液的目的主要是为了缓解分娩疲劳、分娩疼痛和纠正代谢紊乱，也可以兼顾。此外，当猪因处于高度应激，如5天以上没有采食、严重腹泻或急性出血等情况下，机体严重缺水或电解质不平衡出现水盐代谢紊乱且超过其自身调节能力时，可以考虑及时输液，能迅速补充循环血容量，纠正代谢紊乱甚至挽救生命。根据母猪分娩过程的生理特点和输液的目的，制定出"先盐后糖、先晶后胶、先快后慢、宁酸勿碱、宁少勿多、见尿补钾、惊跳补钙"的输液原则。现将输液原则剖析如下（图5-13、图5-14）。

扫一扫
观看"母猪产中输液"
视频

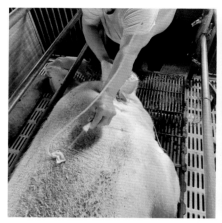

图5-13 母猪输液（一）

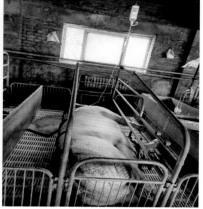

图5-14 母猪输液（二）

1."先盐后糖"原则

猪在发生严重腹泻、大出汗、急性失血、分娩应激时呼吸急促或严重热应激等情况下，病猪或分娩母猪出现严重脱水失盐现象，导致循环血流量减少、血液黏滞性增强、血流阻力增大，病情持续恶化，机体为了保水自我调节启动"保钠排钾"机制，减少排尿量，把 Na^+ 增留在体内，把 K^+ 交换出去，此时机体往往处于缺钾状态。低钾时不宜补糖（因为糖酵解时消耗钾），因此要坚持"先盐后糖"的输液原则，降低血液的黏滞性，同时有利于恢复脑部供血、防止猝死，迅速补充血容量和调节水盐代谢平衡。如果坚持"先糖后盐"的输液原则，势必会加重母猪或病猪缺钾。母猪分娩时"亡血伤津"严重，同样应坚持"先盐后糖"的输液原则。母猪分娩过程中坚持"先盐后糖"的输液原则，就可以避免母猪在分娩过程中严重缺钾，防止母猪猝死。

2."先晶后胶"原则

常规输液一般坚持"先胶后晶"的输液原则，但母猪分娩时应坚持"先晶后胶"原则。常用的晶体溶液（电解质）包括葡萄糖盐水、等渗盐水溶液、平衡盐溶液等，常用的胶体溶液包括血液制品

（全血、白蛋白）、代血浆、右旋糖酐、甘露醇、山梨醇和脂肪乳剂等。补液程序是应先扩充血容量后纠正电解质和酸碱平衡紊乱。母猪分娩是由于羊水、出血、呼吸急促丢失的水分非常多，在输液时宜先扩充血容量，分娩时，母猪体内的血液分布发生了重大调整，大部分血液集中分布于子宫、产道，循环血流量降低、脑部血液供应不足，先输晶体溶液是必须的，它能迅速扩充血容量，同时会降低血液的黏滞性，降低血流阻力，加快血液的运行速度，有利于血液循环，确保分娩母猪脑部的供血充足，防止脑部急性缺血性休克死亡。平时输液可以考虑"先胶后晶"，先输胶体溶液可以提高血浆胶体渗透压，对促进组织液进入血液，消除组织间水肿具有重要的临床意义，但在短时间内会增加血液的黏滞性，因此，在紧急情况特别是母猪分娩应激非常明显的情况下，应坚持"先晶后胶"的输液原则。

3. "先快后慢"原则

输液速度可根据病畜机体状况、病变程度、心跳或脉搏和呼吸等情况而定。坚持"先快后慢"的输液原则，可先快速输液，建议用80～100分钟的速度输完1/3～1/2的输液量，以使病理状态迅速恢复、疲劳快速缓解或抢救；再慢速输液，以20～30毫升/分钟的速度输入其余量。但还要注意以下情况：若心脏、肺脏和肾脏功能不全或脑功能障碍时输液宜慢；抢救时输液速度应快；若病畜脉搏或心跳过快说明心功能不全，应减慢输液速度；体质虚弱者或老畜，输液宜慢；幼畜及小动物静脉输液有困难时，可改用腹腔注射。

4. "宁酸勿碱"原则

母猪分娩过程中呼吸非常急促，CO_2排出太多，容易形成呼吸性碱中毒；母猪在分娩过程中"亡血伤津"，大量体液丢失引起肾上腺分泌醛固酮激素增多，醛固酮的"保钠排钾"作用机制促进远曲小管和集合管排出H^+、K^+，而加强Na^+的重吸收。肾脏H^+增多导致HCO_3^-的生成增多，与Na^+与HCO_3^-相伴而重吸收也增加，从而引起代谢性碱中毒。因此，应坚持"宁酸勿碱"的输液原则，碱中毒时更不能输碱，因为碱血症可使血红蛋白氧解离曲线左移而抑制血红蛋白释放氧，子宫因缺氧而表现子宫收缩无力，产出延长；$NaHCO_3$ 可以离解成 HCO_3^- 和 Na^+，HCO_3^- 与 H^+ 相结合产生大量 CO_2，CO_2 能自由通过血脑屏障进入脑、通过细胞膜进入心肌细胞，形成"异常"细胞内酸中毒；碱血症还可以使 K^+ 从细胞外向细胞内转移而致低钾血症，严重时危及心脏和造成分娩无力等。

5. "宁少勿多"原则

补给大量晶体溶液、水分及盐类会使病猪心脏、肺脏和肾脏等负荷过大，还可能造成血浆蛋白和血浆胶体渗透压较低，会引起病猪组织急性水肿和加重感染，所以坚持"宁少勿多"的输液原则，在补充晶体溶液的同时适当补充胶体溶液，可以减少输液量，降低病猪的循环负担过重及避免组织器官（如脑、肺脏和肾脏）的急性水肿，有利于减少损伤部位的局部渗出，减少感染发生和细菌繁殖，更有利于抗休克、再吸收以及休克期之后的治疗。输液量也可根据病猪的脱水程度而定。失水量达到体重的4%为轻度脱水，失水量达到体重的6%为中度脱水，失水量达到体重的8%为重度脱水。脱水程度不一样则输液量也不一致。实际应用中我们可以根据经验公式来估算：实际输液量=脱水程度×体重÷2。

6. "见尿补钾"原则

尿量是反映肾功能及微循环的一个较为灵敏的指标。母猪分娩过程中"亡血伤津"，机体会启动"保钠排钾"机制将钾离子主动排出、交换钠离子留在体内，这样就能保水，防止体液的过分丢失，尿量就会减少，如果输液量过多，就会造成母猪分娩时排尿，母猪尿量增多就造成钾离子排泄过多，往往造成低钾血症。因此，分娩时由于输液量过大引起母猪排尿就须坚持"见尿补钾"的输液原则，达到平衡体内电解质的目的。补钾时以口服补钾较安全，输液补钾要严格控制输液的速度，过快会引起心脏骤停，浓度也不宜过高，一般500毫升液体中不超过15克。

高效养猪全彩图解＋视频示范

7. "惊跳补钙" 原则

钙离子是神经-肌肉收缩的偶联因子，母猪分娩时子宫产道和腹壁肌肉的收缩需要钙离子的参与。母猪妊娠后期由于大量钙供给胎儿骨骼的生长发育，分娩时消耗大量钙来满足分娩产力需求，以及为哺乳做好准备，在分娩时及分娩后母猪易缺钙。母猪缺钙常表现惊跳，对周围环境变化敏感脾气暴躁，常表现阴户损伤、肩胛部损伤或臀部擦伤，母猪不愿哺乳等。此时，坚持"惊跳补钙"的输液原则。由于钙离子的刺激性特别强，输液补钙时应特别注意不要将药液漏在血管外，同时还应配合补充维生素 D 等。综上所述，由于母猪具有"产前气血不足、产中亡血伤津、产后痈肿疮毒郁结"和分娩过程"极度疲劳、剧烈疼痛和代谢紊乱"等的生理特点，输液的主要目的是补充能量、缓解疲劳、加快产仔、缩短产程、增强抗应激能力、缓解疼痛、纠正代谢紊乱，确保母仔健康，加快母猪产后康复。

七、产后护宫技术

提高猪场母猪的群体年产胎次是增加猪场效益的关键措施之一，一头青年母猪发生子宫内膜炎所造成的直接损失在5000元以上，为了有效控制母猪子宫内膜炎引起的繁殖障碍问题，必须做好产后护宫的工作，产后护宫分以下三步进行。

1.产前产后消毒，降低感染压力

从母猪破羊水开始，对母猪后躯进行清洗消毒，减少病原微生物的滋生，降低感染压力。

根据母猪产后流分泌物的颜色、剂量、时间，确定产后清洗消毒次数，直至母猪产后没有分泌物流出为止。

2.产后清宫，促进产后恢复

母猪产后使用江花牌"宫炎净"进行子宫灌注，彻底清除子宫内各种异物，并镇痛消肿，促进产后恢复。

扫一扫
观看"母猪清宫护理"
视频

当前猪场母猪分娩时间大多为5个小时左右，母猪产程偏长，产仔应激非常大，产后虚弱无力，极易导致子宫内胎衣碎片残留，恶露不尽，导致子宫内膜炎的发生。临床生产中，常常见到母猪分娩第二天才排出胎衣，甚至两天后还有死胎排出情况，在配怀舍，母猪发情时也有排出死胎的情况，此种情况下，母猪子宫内胎衣碎片滞留的概率非常大。为了排出子宫内各种脓汁和异物，可以使用江花牌"宫炎净"按照人工授精方式进行子宫内灌注，达到彻底清宫、保护子宫黏膜、镇痛止血、促进子宫复旧及产后恢复的效果。使用过人工助产和产后流脓严重的母猪，灌注宫炎净100毫升后，间隔48小时左右，再次灌注"宫炎净"50毫升，彻底清除子宫内各种脓汁和异物。

3.产后消炎，防止子宫内感染病原微生物

产后消炎，每个猪场都在做，但做得都不是很理想，建议母猪产后消炎注意以下五点。

（1）针对不同母猪采用不同的消炎方案，如后备母猪、原种母猪更容易出现炎症，需要强化消炎，胎儿较大、产程较长、产后流脓多的母猪必须强化产后消炎。

（2）采用抗厌氧菌的消炎药物进行消炎，产后子宫颈关闭后，子宫内没有氧气，必须要有氧气才能生长繁殖的病原微生物在子宫内存活不了，所以子宫感染以厌氧菌或兼性厌氧菌为主，建议使用氧氟沙星、林可霉素、甲硝唑等对厌氧菌敏感、穿透性强的药物进行产后消炎。

（3）最好的消炎方式是：产中输液消炎，产后肌内注射配合子宫局部消炎方式进行，效果最为理想。

（4）有计划地使用产后消炎药，防止耐药性产生，最好冬天和夏天使用不同的消炎药物，且注意夏天消炎时，相对冬天，消炎方案要强化。

（5）注意控制产房温度、湿度和洁度。

高效养猪全彩图解＋视频示范

值得一提的是：猪场一定要针对母猪子宫内膜炎进行员工考核，提高员工对子宫内膜炎的重视程度和执行力，对员工进行相关培训，规范操作细节，尤其需要防止员工随意人工掏产母猪，能否掏产，需要产房主管检查确认并记录，产房主管在母猪产后连续7天进行相关检查，仔细查看母猪产后流脓及外阴恢复情况，针对个别母猪制定个性化方案，防止母猪子宫内膜炎的发生。

八、预防子宫内膜炎技术

（1）注意栏舍环境卫生，保持栏舍清洁、通风，及时清理积粪，特别在母猪转入产房前要对产床、用具、保温箱、料槽等彻底清洗消毒，不留卫生死角。

（2）临产母猪转入分娩栏时要对其全身进行刷洗，并驱虫、消毒。

（3）助产消毒不彻底和动作粗鲁造成的产道损伤，是造成母猪子宫内膜炎的另一个原因。接产时要严格执行卫生操作规程，用0.1%高锰酸钾溶液将母猪臀部、阴户及乳房擦洗干净，用1∶300的消毒灵溶液消毒产床。助产者不能留长指甲，手臂要消毒并用肥皂润滑（图5-15）。

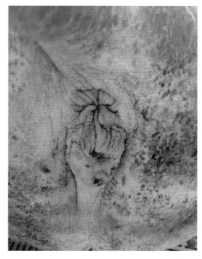

图5-15　清洗外阴

（4）分娩过程中可使用前列腺素控制产仔时间，避免使用过多催产药，即使要用催产素也要在母猪产下第一个仔猪后适量使用，以防胎儿阻塞，造成子宫痉挛损伤。

扫一扫
观看"用高压水枪对产床进行清洗消毒"视频

分娩完毕后留意胎衣是否排出，并用复方氨基比林注射液20毫升、青霉素960万单位、链霉素200万单位，在母猪尾根交巢穴注射，可预防产后感染。

（5）配种前要用0.1%高锰酸钾溶液把母猪阴户擦干净，方法是把毛巾放在0.1%高锰酸钾溶液中浸泡一下，然后拿出来拧一拧，折叠好，每擦一次折叠一次，直到把母猪阴户擦干净。自然交配时，应避免公、母猪体重相差太大，并须人工协助，挤掉公猪包皮内积液，使其阴茎尽快进入母猪阴道；人工授精时，器具要严格消毒，最好采用一次性无菌输精管，严格遵守操作规程，禁止粗暴输精。

（6）要搞好引起繁殖障碍性传染病的免疫预防，如猪乙型脑炎、细小病毒病、蓝耳病、伪狂犬病等，防止因流产、木乃伊胎、死胎浸润诱发子宫内膜炎。

（7）产后及时护理子宫，用250毫升生理盐水加青霉素1600万单位、链霉素200万单位灌入母猪子宫，可起到抗菌消炎、增强子宫活性、促进子宫内容物排出的作用（图5-16、图5-17）。

图5-16　产后护理

图5-17　子宫灌注药液

九、多胎健仔技术

健康是养出来的。运用现代营养理论进行精准的营养调控，采用先进饲养技术进行科学的饲养管理，达到提高猪群健康状况，实现多胎健仔，提高PSY的目的。

1.妊娠前期（安胎期）：配种后30天

研究表明：胚胎的早期死亡是导致母猪窝产仔猪数偏低的最重要原因。

妊娠前期重点是实施"六不一优"的管理策略，改善子宫乳质和乳量，为受精卵着床提供成熟的内膜环境，确保受精卵着床，减少胚胎早期死亡数量并避免返情的发生。

不感染：配种时严格的无菌操作，必要时注射无生殖毒性的抗生素。

不惊吓：配种后要么在最后一次输精4小时后40小时内转移，要么在最后一次输精后28天后转移。

不毒害：避免霉菌毒素，生殖毒性药物，重金属，杂粕（棉粕、菜粕）。

不湿热：$16 \sim 22℃$，避免高温高湿。

不免疫：妊娠最初28天内不要打疫苗。

不高能：妊娠最初3天禁止高能饲养，建议使用维持量的1.2倍饲料。

营养优：不仅要提供充足的能量和蛋白质，还要有丰富的膳食纤维和足够的生殖营养保证。既要吃得饱（补充优质粗纤维：可适当补充青绿饲料或提高饲料中纤维素含量），还要吃得好（补充生殖营养仔多多）。

2.妊娠中期：妊娠$30 \sim 95$天

"测膘喂料"技术：通过实测背膘厚，调整饲喂量。若低于标准值1毫米，增加饲喂量$200 \sim 300$克/天，以此类推；若高于标准值1毫米，则减少饲喂量200～300克/天，以此类推，但每天饲喂量不得低于18千克/天。4周后再测，根据膘情再调整饲喂量。

各品系猪配种背膘厚（P2）要求见表5-5。

表5-5　各品系猪配种背膘厚要求　　　　单位：毫米

配种	分娩	断奶	妊娠
法系	13～15	17～19	13～15
丹系	13～15	16～18	13～15
美系	15～17	17～19	15～17

3. 大围产期：妊娠95天至下次发情配种

为了提高仔猪初生重和活力，提高奶水质量，缩短发情间隔，实现多胎健仔的目标。妊娠后期采用攻胎技术，配种前期采用"短期优饲"技术，促进母猪发情。

攻胎技术：攻胎的目的除提高初生重外，还要提高仔猪活力和均匀度，促进母猪分娩和泌乳，应选用攻胎专用料。

断奶发情四要素如下。

（1）环境。温度18～22℃、湿度60%～75%、光照12小时250～300勒克斯。

（2）子宫复旧。按子宫复旧技术方案且保证复旧足够的时间，泌乳天数不少于19天。

（3）体况适中。泌乳期失重10千克以内，背膘丢失不超过4毫米，保证哺乳期采食量最大化。

（4）生殖营养补充。添加仔多多促进断奶发情。

短期优饲：配种前2周实行短期优饲，通过提高饲料营养水平或将饲喂量增至3.0～3.5千克，补充生殖营养仔多多，额外添加葡萄糖200克/（头·天），能促进母猪发情、增加排卵数。

饲喂水平对初产母猪产仔数的影响见表5-6。

表5-6　饲喂水平对初产母猪产仔数的影响

饲喂水平	妊娠20日龄胚胎成活率/%	窝产仔数/头
低	8.5	9.3
高	8.5	10

在做好以上环节的同时，额外补充抗病营养。

第五节
哺乳仔猪饲养管理

一、初乳管理技术

母猪在分娩中和分娩后24～36小时内产生的乳汁为初乳。它富含能量和特异性抗体蛋白，既能维持新生仔猪的正常体温需求，又能为仔猪提供抵抗疾病的免疫力。理想的初乳应该在分娩后6小时内被吸收，之后初乳中的抗体蛋白会急剧下降。

扫一扫
观看"刚生仔猪要吃上初乳"视频

1.新生仔猪肠道发育

仔猪出生前，通过胎盘从母体获取所需的营养物质，仔猪出生后需要吮吸初乳，并通过肠道来吸收营养物质（特别是一些大分子物质），如特异性免疫蛋白能直接通过肠道被仔猪吸收，但出生18～24小时后，仔猪肠道的大分子吸收能力会迅速下降直至不能被吸收。

2.分批哺乳

由于母猪产程过长，出生较晚的仔猪由于吃奶竞争压力过大，吃不到足够的初乳。需要将吃饱初乳或初生的仔猪先放回保温箱，然后将没有吃到足够初乳或晚出生的仔猪标记好，继续留下来吃初乳，1小时后用这些标记的仔猪将保温箱的仔猪置换出来吃奶，如此往复安排仔猪分批吃奶，以达到同窝仔猪都能吃到足够初乳的目的。分批哺乳的仔猪要做好标记。

3.母猪带仔能力评估

大部分猪场的平均产仔数可以达到11～12头，个别母猪甚至达到20多头，但母猪的乳头数有限，一般为12～16个乳头，再加上一些无效乳头、创伤乳头以及被压、挡的乳头，其实母猪的带仔头数一般不会超过12头。因此，要想保证产房的新生仔猪都有一个有效的乳头，就需要饲养员对每头母猪的乳腺发育、有效乳头数以及带仔能力做到心中有数，这样才能做好初生仔猪的寄养工作，进一步提高仔猪的成活率和增加断奶重。

4.无效乳头的识别

（1）附加乳头　乳头小，位于乳线外，处于乳腺的异常位置，常见于母猪两后腿之间的臀部位置。

（2）内翻乳头　乳腺凹陷，看不见乳导管，随着后期仔猪的吮吸，可能会恢复泌乳能力。

（3）瞎乳头　没有乳导管。

（4）无奶乳头　在仔猪阶段，乳头就被损害了，一般很短，没有乳导管。

5.寄养原则

（1）尽量减少仔猪转移数量　仔猪寄养的最终目的是保证每个仔猪都有一个有效乳头，而不是为了特意追求仔猪间的均匀度。因此，我们评估母猪养育能力的基础上，尽量让较多的仔猪保留在原来的窝中，减少仔猪转移数量。

（2）弱小的仔猪由同一头合适的母猪哺乳　在仔猪寄养的过程中，我们可以将那些弱小的仔猪先挑选出来，然后选择一头奶水质量好、乳头大小和高度合适、性格安静、温驯的母猪带这些弱小的仔猪，这样既减少了弱小仔猪的竞争压力，同时也方便饲养员对这些弱小仔猪进行特殊的护理。

（3）转移较大的仔猪　一窝中弱小仔猪寄养给同一头母猪后，

我们优先转移较大的仔猪。因为较大的仔猪在同批仔猪中具有较大的竞争优势，这样转移到寄养窝中后可以减少竞争压力。

二、伤口管理技术

新生仔猪到断奶的过程中，会经历三次伤口造成的风险，分别是剪牙、断尾、阉割。

1.剪牙

在仔猪出生后6～24小时，使用平口剪牙钳快速剪掉仔猪牙齿的1/3。或者是使用磨牙棒将仔猪牙齿磨掉1/2（图5-18）。

图5-18　仔猪剪牙

建议一把剪牙钳使用50窝，使用前检查剪牙钳刀口的平整度。

使用磨牙器磨牙时一定要使用磨牙头较好的磨牙棒，这样既能提高效率又能节省时间。

扫一扫
观看"刚生仔猪剪牙"视频

2.断尾（图5-19）

（1）准备断尾的工具，电热断尾钳、消毒剂都触手可及。

（2）仔细检查以确保烙铁足够烫。

（3）将全窝仔猪集中在一个地方，以确保能够快速、方便地抓起仔猪。

（4）用烧红的电热断尾钳剪尾，种猪剪去1/2，商品猪母猪留部分尾盖住阴户上端，公猪盖住睾丸的1/3。

图5-19　仔猪断尾

图5-20　仔猪阉割

扫一扫
观看"仔猪去势"视频

（5）提起仔猪后肢，并抓住尾巴扯直，用烙铁慢慢地放下剪断尾巴，这样伤口可以被适当地烧灼。

（6）尾根被彻底地烧灼并且没有出血。

（7）断尾后3天，90%以上仔猪的伤口应该变干，无肿大，并且边缘不发红。

3.阉割（图5-20）

产后3～5天进行阉割。

（1）保定仔猪：用左手提起仔猪两后腿，将两腿基部握于手掌，用左手大拇指压住阴囊下部，由下往上挤压两粒睾丸，使整个囊充分鼓胀，或用左手大拇指从腹股沟由下往上顶起两粒睾丸。

（2）消毒术部：仔猪后躯、刀片（多准备几块刀片，交替浸泡使用）、手。

（3）分边切开阴囊皮肤与内膜。

（4）挤出睾丸并拉出（出生7天以上建议用刀切）。

（5）用络合碘消毒切口，不能用鱼石脂软膏、青霉素粉消毒。

（6）如果猪场产房链球菌、副嗜血杆菌较多，用磺胺结晶粉处理伤口。手术结束后给仔猪注射速倍治0.3～0.5毫升，预防仔猪伤口感染。

三、弱仔、八字腿仔猪救护技术

1.弱仔人工辅助吃初乳

先灌服初乳一次5～10毫升，灌3～5次，再辅助吃奶。

2.假死仔猪救护

掏净仔猪嘴巴里的黏液后，使其四肢向上，一手握其肩部，另一手托其臀部，然后一屈一伸反复进行，直到仔猪叫出声为止。

吹气法，即向假死仔猪鼻内或嘴内用力吹气促其呼吸。

温水法，将仔猪放入温水中，压迫其呼吸和提高仔猪体温。

3.八字腿仔猪救护

首先倒提八字腿仔猪，然后用胶带从其背部开始粘贴，绕过外翻腿踝关节缠上一圈，再缠上另一条腿。注意两条腿之间需要保留5～6厘米空隙方便仔猪行走，最后胶带绕回到其背部固定。固定好后把仔猪放在地上就可以自行站立、走路。胶带在2～3天后拆除，如果行走姿势恢复正常也可以提前拆除。

扫一扫
观看"仔猪八字腿护理"视频

四、补血技术

（1）保定仔猪时不许拉其耳朵和前脚，正确手法为一手托住仔猪胸部，另一手托住仔猪腹部（图5-21、图5-22）。

扫一扫
观看"哺乳仔猪补铁"视频

图5-21 仔猪注射补血针（一）

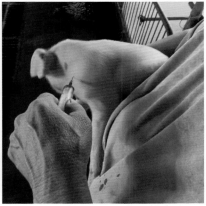

图5-22 仔猪注射补血针（二）

（2）出生至10千克仔猪用针头颈部注射或大腿内侧肌内注射。

（3）仔猪1～3日龄补铁1～1.5毫升/头，14～17日龄补铁1.5～2毫升/头。

（4）母猪产后当天补铁4～5毫升/头，断奶当天补铁4～5毫升。

（5）准备好肾上腺素或地塞米松，防止过敏；发生补铁过敏时，可肌内注射肾上腺素1毫升或地塞米松1～2毫升。

五、寄养调栏技术

1.仔猪寄养技术

扫一扫
观看"仔猪寄养"视频

（1）个别寄养　母猪泌乳量不足，产仔数过多，仔猪大小不均，可挑选体强的寄养于代养母猪。

（2）全窝寄养　母猪产后无乳、体弱有病、产后死亡、有咬仔恶癖等；或母猪需频密繁殖，老龄母猪产仔数少而提前淘汰时，需要将整窝仔猪寄养。

（3）并窝寄养　当两窝母猪产期相近且仔猪大小不均时，将仔猪按体质强弱和大小分为两组，由乳汁多而质量高、母性好的母猪哺育体质较弱的一组仔猪，另一头母猪哺育体质较强的一组仔猪。

（4）两次寄养　将泌乳力高、母性好那窝的仔猪提前断奶或选择断奶母猪代养，来选择哺乳其他体质弱的仔猪或其他多余的吃过初乳的初生仔猪。寄养仔猪时，一般要遵循以下原则。寄养仔猪需尽快吃到足够的初乳。母猪生产后前几天的初乳中含有大量的母源抗体，然后母源抗体的数量会很快下降，仔猪出生时，肠道上皮处于原始状态，具有吸收大分子免疫球蛋白（即母源抗体）的功能，6小时后吸收母源抗体的能力开始下降。由于仔猪出生时没有先天免疫力，母源抗体对仔猪前期的抗病力十分关键，对提高仔猪成活率具有重要意义。仔猪只有及时吃到足够的初乳，才能获得坚强的免疫力。寄养一般在出生96小时之内进行，寄养的母猪产仔日期越接近越好，通常母猪生产日期相差不超过1天。

（5）后产的仔猪向先产的窝里寄养时，要挑选猪群里体大的寄养，先产的仔猪向后产的窝里寄养时，则要挑体重小的寄养；同期产的仔猪寄养时，则要挑体形大和体质强的寄养，以避免仔猪体重相差较大，影响体重小的仔猪生长发育。

（6）一般寄养窝中最强壮的仔猪，但当代养母猪有较小或细长奶头、泌乳力高且其仔猪较小，则可以寄养弱小的仔猪。

（7）寄养时需要估计母猪的哺育能力，也就是考虑母猪是否有足够的有效乳头数，估计其母性。

（8）利用仔猪的吮乳行为来指导寄养：出生超过8小时，还没建立固定奶头次序的仔猪，是寄养的首选对象。在一个大的窝内如果一头弱小的仔猪已经有一个固定的乳头位置，此时最好把其留在原母猪身边。

（9）寄养早期产仔窝内弱小仔猪：先产仔母猪窝内会有个别仔猪比较弱小，可以把这些个别的仔猪寄养到新生母猪窝内。但要确保这些寄养的仔猪和收养栏内仔猪在体重、活力上相匹配。

（10）寄养最好选择同胎次的母猪代养。或者青年母猪的后代选择青年母猪代养，老母猪的后代选择老母猪代养。

（11）仔猪应尽量减少寄养，防止疫病交叉感染；一般禁止寄养患病仔猪，以免传播疾病。

（12）在寄养的仔猪身上涂抹代养母猪的尿液，或在全群仔猪身上洒上气味相同的液体（如来苏尔等）以掩盖仔猪的异味，减少母猪对寄养仔猪的排斥。在种猪场，仔猪寄养前，需要做好耳号等标记与记录，以免发生系谱混乱。无论初生仔猪寄养与否，都要做好固定乳头的工作。固定乳头可以减少仔猪打架争乳，保证及早吃足初乳，是实现仔猪均衡发育的好方法。固定乳头应当顺从仔猪意愿适当调整，对弱小仔猪一般选择固定在前2对乳头上，体质强壮的仔猪固定在靠后的乳头上，其他仔猪以不争食同一乳头为宜。

2.转栏原则

扫一扫
观看"哺乳仔猪断奶
转群"视频

生猪从出生到出栏要经历不同的阶段,其中仔猪从产房转移到保育舍是一个关键时期。在转移过程中会给仔猪带来强烈的应激,同时,仔猪断奶后离开母猪,会产生断奶应激、营养应激以及环境应激,引起仔猪生理和心理上的不适应,导致仔猪抗病力降低,影响生长速度。那么仔猪转群需要做好哪些细节呢?

断奶仔猪转栏、分群需要"调教"。

(1)减少仔猪应激,早上转群最为适宜 仔猪离开母猪进入保育舍,需要提前做哪些准备工作?产房工作人员需提前告知断奶仔猪转群的时间,保育舍工作人员会提前准备栏舍,并针对弱小仔猪准备特殊护理栏,对保育舍进行清洗、严格空栏消毒、干燥,为仔猪创造干净的生活环境。还需检查保育舍设施、饮水器及线路等。

另外,因早晚温度较低,需提前备好保温灯,栏舍温度控制在25～26℃。产房与保育舍的温差应该控制在2℃以内。

(2)降低断奶仔猪转群应激是猪场提高生产效率的关键 由于天气温度及仔猪转群过程中密度增加会产热而引起热应激,对仔猪的采食量及抵抗力有不良影响。而8:00左右的温度适宜,仔猪没有过多采食,到保育舍又能保障足够的采食量。

在转群过程中,饲养员的抓猪手法容易出现错误,切勿直接抓住仔猪的前腿,或者手滑导致仔猪掉下来而引起疼痛及关节损伤。同时,避免转运车下面的木板过于光滑而导致仔猪扭伤,保障仔猪在转运车里的空间,严禁密度过大。

(3)仔猪合理分群,并及时进行药物保健 断奶仔猪到达保育舍后要合理分群,在分群方式上种猪场与商品场会有所差异,但都会使用药物保健来降低转群应激。

种猪场是按品种分群,如杜洛克猪、大白猪、长白猪等;再按公母分开;最后通过肉眼观察猪只大小,把最大的和最小的猪都挑出来，还有中等大小的仔猪。将弱仔猪、残次猪、病猪单独放在护理栏或病猪栏内特殊照顾。

转入保育舍后会记录其转入日期、仔猪总数、免疫情况等。如果仔猪吃料，只是吃得较少，可在湿拌料中添加多维来降低断奶仔猪转群应激；不吃料的话，就通过饮水方式添加。

商品场则只根据仔猪大小、体质强弱来分群。仔猪按体重差异分群，每一栋产房对应每一栋保育舍；如果可以的话，将产房同一窝的仔猪放在保育舍的同一栏，每一栏差不多20头猪。经过一周的分群饲养后，如果出现弱仔会进行再次调栏。

猪场会在转群前打一针头孢进行保健，然后在转群的前3天在饲料中添加维生素，3天之后做仔猪呼吸道疾病的保健。仔猪进入保育舍后的第一周有个饲料的过渡期，避免营养应激。夏季在转群前后4天添加维生素会减少应激；冬季则可使用中兽药进行保健，如黄芪提取物、板蓝根等，避免仔猪转群应激引起感冒。

（4）弱仔护理需用心，转群调教应重视　那么对于弱仔、生长不良的仔猪又得到了哪些特殊待遇呢？一般做法是会给它们饲喂高档的教槽料与预混料混合的湿拌料，并在其中添加一些奶粉，刺激其食欲、提高采食量，还可以刺激唾液分泌、促进肝脏、肾脏功能及身体的新陈代谢，能够挽回部分弱仔、残次猪。对弱仔进行2～3天的加强保温及延长教槽料的饲喂时间。

另外，仔猪转群后的调教也非常重要。仔猪在新的环境会乱排粪便，因此要及时把粪便扫到一个希望它固定排便的地方。可以在仔猪躺卧区域撒些许饲料，它的生物习性会告诉它这里不能排泄。大概调教3天左右，小猪就知道应该在哪里睡觉，在哪里吃料，在哪里排粪便。

仔猪在调教过程中饲养员会相对忙一点，工作量大一点，需要及时处理粪便，但以后的工作会比较省力，因为仔猪定点排粪，容易清扫，猪的身体及地面环境都比较干净。另外，粪便得到及时处理，有害气体的浓度就会下降，呼吸道问题也会减少。

扫一扫
观看"哺乳仔猪生后
7天左右补料"视频

六、教槽补料技术

现在仔猪哺乳日期被大幅度缩短，正常20多天就断奶了，所以仔猪教槽尤为关键。目前最合理的仔猪教槽时间是7日龄。这个阶段仔猪补充完了最初的营养。可以尝试下仔猪教槽料了。这里给大家重点说说7日龄的仔猪教槽方法（图5-23～图5-26）。

图5-23　仔猪教槽（一）

图5-24　仔猪教槽（二）

图5-25　仔猪教槽（三）

图5-26　仔猪教槽（四）

1.料槽的选择

猪的视力大概只有0.5左右，所以颜色鲜艳的料槽更适合，推荐使用红色的料槽。而且我们要选择浅沿的料槽，这种料槽更方便猪的采食。

2.料槽的摆放位置

尽量不要放在母猪臀部的旁边，一般放在靠近保温箱出口和母猪头部的位置最佳。但要注意不能在这个位置安装饮水器，否则会影响教槽。

3.教槽的方法

（1）在仔猪吃奶的时候教槽 仔猪出生后3天奶头已基本固定，而每天在母猪哺乳的时候，仔猪不会马上开始就吸乳，它先叫，然后抢，再拱乳房，最后才会吸乳。所以我们在乳房上面撒一些饲料，让仔猪在吸乳的状态下适应教槽料。每天应不低于6次，越多效果越好。也可以把教槽料加水调成糊状，抹在母猪的乳房上。

（2）在仔猪玩耍的时候教槽 首先往保温箱内撒一点教槽料，然后将用过的青霉素瓶子丢在保温箱内。这样做的目的是为了供仔猪玩耍的同时让仔猪习惯教槽料的气味。或者可以在保温箱的上面，用一个1.5升左右的瓶子，在瓶子的底部打五个小孔，将教槽料装入瓶子中，用绳子挂起来，瓶子外面可以涂上仔猪爱吃的奶水或者饲料，供仔猪拱着玩，这样饲料就会掉下来，起到一个教槽的效果。值得注意的是：瓶子的颜色最好选择比较鲜艳的。孔的大小要控制好，漏一粒料的大小，瓶子的高度要适中，在仔猪眼睛水平的位置即可。

（3）把料直接放在料槽中 教槽少量多次是教槽料使用的原则，要时刻保证教槽料的新鲜，教槽料放入料槽的时间不宜长于12小时，没有吃完的饲料必须处理掉。可以把料调成糊状放入料槽饲喂，也可以使用干料直接饲喂，使用干料的时候在料槽中放入鲜艳的鹅卵石可以提高教槽的成功率。

（4）"三三三教槽法"　即在出生3天后，在母猪乳房上每天涂抹3次稀糊料，连续涂抹3天。第7天，初步补料。产房放置补料槽，用毛刷把稀糊料抹在补料槽内。此时仔猪开始活动并会找一些新鲜的东西，发现料槽里有吃奶时候的味道，便抢着吃料。第8～10天，正式补料。可以慢慢由稀糊料变为湿拌料。每天清洗料槽，最好在下午多补料几次，因为仔猪在下午活动量大。

（5）师傅带徒弟法　在上面几种教槽方法都不成功的时候，可以从另一窝中临时选一头已经教槽成功的猪放入该圈，让这头仔猪带其他的仔猪教槽。

4.教槽的饲喂量和时间

有研究显示，越早为仔猪提供教槽料，断奶后摄取教槽料的仔猪比例越大。与14～18日龄提供教槽料相比，7日龄提供教槽料仔猪断奶后摄取教槽料的比例可提高10%。即使在早期供给教槽料，每窝仍然有20%～30%的仔猪断奶后不采食教槽料（通常是体形较大的猪）。通常情况下，教槽饲喂一般受益于体形较小的猪，这是因为他们母体的生产性能较低，从母体得到的营养有限，这些仔猪通常吸吮母猪靠后边乳头，奶水最少。正因为如此，教槽料常被报道说能使断奶个体重之间的差异减小。

如果在产后8～10天开始正式补料，那么在第10天教槽量为用3个手指抓料放入料槽。第12天可以用5个手指抓料放在料槽里，在第15天可以用手掌，第18天以后看见料槽里面没料了就加，保证加料6次以上，猪的嗅觉比较灵敏，所以料槽里面要随时保持干净。最关键的是要掌握母猪的泌乳时间，要在母猪快放奶前开始补料。

5.其他方面

还需要谨记的一点是无论何时要保证洁净水的供应，这是因为如果仔猪采食了教槽料，就会对水有饮用需求。因此，要确保在分娩栏有充足的水源供应。最后提示大家：断奶后，一定要根据仔猪的状态来调整饲养方式，若出现腹泻的仔猪或者消瘦的仔猪，可以改用干拌料或者增加水料的方法，来改善仔猪的采食量。

七、断奶管理技术

现在为了增加母猪年生产胎次，在保障仔猪营养的情况下会减少母猪哺乳时间以求更快进入哺乳期。

而不少养猪人还在为仔猪断奶烦恼，其实仔猪断奶方法非常多。仔猪断奶方法在生产实践中，要根据饲养方式、品种、仔猪体况及仔猪用途来判断，时间一般选择在出生后28～35日龄，还有在第21天进行早期断奶。仔猪断奶主要有以下几种方式。

1.一次性断奶法

指到断奶日龄时，一次性将母仔分开，全部断奶。具体方法是将母猪赶出原栏，留全部仔猪在原栏饲养。此法简便，并能促使母猪在断奶后迅速发情。不足之处是突然断奶后母猪容易发生乳腺炎，仔猪也会因突然受到断奶刺激，影响生长发育。因此，断奶前应注意调整母猪的饲料，降低泌乳量。细心护理仔猪，使之适应新的生活环境。

2.分批断奶法

将体重大、发育好、食欲强的仔猪及时断奶，而让体弱、个体小、食欲差的仔猪继续留在母猪身边，适当延长其哺乳期，以利弱小仔猪的生长发育。采用该方法可使整窝仔猪都能正常生长发育，避免出现僵猪。但断奶期拖得较长，影响母猪发情配种。

3.逐步断奶法

在仔猪断奶前4～6天，把母猪赶到离原窝较远的地方，每天将母猪放回原窝数次，并逐日减少放回哺乳的次数。这种方法可避免引起母猪乳腺炎或仔猪胃肠疾病，对母猪、仔猪均较有利，但较费时、费工。

4.断奶期间注意事项

简单来说就是两维持、三过渡。

（1）维持原圈饲养、维持原来的饲料。环境的改变对猪是一种内外交困的应激，很容易导致体质下降，易被病原微生物侵袭，因此要维持原来的圈舍。饲养一周后再随同窝仔猪转入仔猪培育舍，可根据仔猪体况重新分群，防止仔猪发生争斗。

扫一扫
观看"哺乳仔猪断奶
关饲喂"视频

（2）饲料和饲养制度逐渐过渡，7～10天后过渡到断奶仔猪料，饲喂量逐渐增加，日饲喂量为体重的5%左右，少喂勤添，每天4～5次最好。

（3）注意供应清洁充足的饮水，冬季要对水适当加热。

（4）仔猪对温度仍然十分敏感，一般3周龄25～28℃，8周龄20～22℃。所以要注意断奶仔猪舍的保暖和防暑降温。舍内相对湿度一般保持在65%～75%。

第六节
保育猪饲养管理

一、进猪前的各项准备工作

1. 保育舍消毒

保育舍实行全进全出制度。在保育猪进入前，首先要把保育舍冲洗干净。在冲洗时，将舍内所有栏板、饲料槽拆开，用高压水冲洗，将整个舍内的天花板、墙壁、窗户、地面、料槽、水管等进行彻底的冲洗。同时将下水道污水排放掉，并冲洗干净。要注意凡是猪可接触到的地方，更不能有猪粪、饲料遗留的痕迹。

2. 保育舍设施卫生安全

修理栏位、饲料槽、保温箱，检查每个饮水器是否通水，检查加药器是否能正常工作，检查所有的电器、电线是否有损坏，检查窗户是否可以正常关闭。

3.保育舍温度

将栏板、料槽组装好，将舍内的温度保持在保育猪刚转进来时最适宜的温度范围（28～30℃），然后准备进猪。

二、分群与调教

1.仔猪分群

刚断乳的仔猪一般要在原来的圈舍内待1周左右再转入保育舍，在分群时按照尽量维持原窝同圈、大小体重相近的原则，个体太小和太弱的仔猪单独分群饲养。这样有利于仔猪情绪稳定，减轻混群产生紧张不安的刺激，减少因相互咬斗而造成的伤害，有利于仔猪生长发育；同时做好仔猪的调教工作，刚断乳转群的仔猪因为从产房到保育舍新的环境中，其采食、睡觉、饮水、排泄尚未形成固定位置，如果栏内安装料槽和自动饮水器，其采食和饮水经调教会很快适应。

2.调教仔猪

赶进保育舍时，头几天饲养员就要调教仔猪区分睡卧区和排泄区。假如有仔猪在睡卧区排泄，这时要及时把仔猪赶到排泄区并把粪便清洗干净。饲养员每次在清扫卫生时，要及时清除休息区的粪便和脏物，同时留一小部分粪便于排泄区，经3～5天的调教，仔猪就可形成固定的睡卧区和排泄区，这样可保持圈舍的清洁与卫生。

三、饲养管理

1.保育猪的喂料

保育猪是以自由采食为主，不同日龄喂给不同的饲料。饲养员应在记录表上填好各种料开始饲喂的日期，保持料槽都有饲料。当仔猪进入保育舍后，先用代乳料饲喂1周左右，也就是不改变原饲料，以减少饲料变化引起应激，然后逐渐过渡到保育料。过渡最好采用渐进性过渡方式（即第1次换料25%，第2次换料50%，第3次换料75%，第4次换料100%，每次3天左右）。饲料要妥善保管，以保证到喂料时饲料仍然新鲜。为保证饲料新鲜和预防角落饲料发霉，注意要等料槽中的饲料吃完后再加料，且每隔5天清洗一次料槽（图5-27、图5-28）。

扫一扫
观看"教槽料与保育料切换"视频

扫一扫
观看"保育仔猪饲喂"视频

图5-27 保育猪的饲养

图5-28 保育猪采食

2. 保育猪的饮水

饮水是猪每天食物中最重要的营养，仔猪刚转群到保育舍时，最好供给温开水，前3天每头仔猪可饮水1千克，4天后饮水量会直线上升，至10千克体重时日饮水量可增加到1.5～2千克。饮水不足，会使猪的采食量降低，直接影响饲粮的营养价值，猪的生长速度可降低20%。高温季节，保证猪的充足饮水尤为重要，天气太热时，仔猪会因抢饮水器而咬架，有些仔猪还会占着饮水器取凉，使别的仔猪不便喝水，还有的猪喜欢吃几口饲料又去喝一些水，往来频繁。如果不能及时喝到水，则吃料也就受到影响。所以如果一栏内有10头以上的猪应安装2个饮水器，按50厘米距离分开装，以利仔猪随时都可饮水。仔猪断乳后为了缓解各种应激因素，通常在饮水中添加葡萄糖、钾盐、钠盐等电解质或维生素、抗生素等药物，以提高仔猪的抵抗力，降低感染率。选择电解质、多维要考虑水溶性，确保维生素C和B族维生素的供应。

3.密度大小

在一定圈舍面积条件下，密度越高，群体越大，越容易引起拥挤，饲料利用率降低。但在冬春寒冷季节，若饲养密度和群体过小，会造成小环境温度偏低，影响仔猪生长。规模化猪场要求保育舍每圈饲养仔猪15～20头，最多不超过25头。圈舍采用漏缝或半漏缝地板，每头仔猪占圈舍面积为0.3～0.5平方米。密度高，则有害气体（氨气、硫化氢等）的浓度过大，空气质量相对较差，猪就容易发生呼吸道疾病，因而保证空气质量是控制呼吸道疾病的关键。

四、温湿度控制措施

1.保温控制

冬季应正确运用保温设备，做好仔猪特别是刚断乳10天内的仔猪的保温。保温设备有多种形式：电加热预埋水管系统，地面预埋低温电热丝，250～300瓦红外线灯泡等，但均耗电量大、维修难度也大。如能采用沼气做成较理想的保温设备，利用沼气热能，通过热水管，因地制宜地为仔猪设计出清洗方便、耐用、节能、恒温的保温板，则价格便宜又环保，应该是猪场在保温节能方面要努力的方向。

2.通风控制

氨、硫化氢等污浊气体含量过高会使猪肺炎的发病率升高。通风是消除保育舍内有害气体含量和增加新鲜空气含量的有效措施。但过量的通风会使保育舍内的温度急速下降，这对仔猪也不利。

生产中，保温和换气应采用较为灵活的调节方式，两者兼顾。高温则多换气，低温则先保温再换气。

3.适宜的温湿度

保育舍环境温度对仔猪影响很大。据有关资料查证：寒冷气候情况下，仔猪肾上腺素分泌量大幅上升，免疫力下降，生长滞缓，而且下痢、胃肠炎、肺炎等的发生率也随之增加。生产中，当保育舍温度低于20℃时，应给予适当升温。

要使保育猪正常生长发育，必须创造一个良好、舒适的生活环境。保育猪最适宜的环境温度：21 ~ 30日龄为28 ~ 30℃，31 ~ 40日龄为27 ~ 28℃，41 ~ 60日龄为26℃，以后温度为24 ~ 26℃。最适宜的相对湿度为65% ~ 75%。保育舍内要安装温度计和湿度计，随时了解室内的温度和湿度。

总之根据舍内的温度、湿度及环境的状况，及时开启或关闭门窗及卷帘。

五、疾病的预防

1.做好卫生

每天都要及时打扫高床上仔猪的粪便，冲走高床下的粪便。保育栏高床要保持干燥，不允许用水冲洗，湿冷的保育栏极易引起仔猪下痢，走道也尽量少用水冲洗，保持整个环境的干燥和卫生。

如有潮湿，可撒些白灰。刚断乳的仔猪高床下可减少冲粪便的次数，即使是夏天也要注意保持干燥。

2.消毒

在消毒前首先将圈舍彻底清扫干净，包括猪舍门口、猪舍内外走道等。所有猪和人经过的地方每天进行彻底清扫。消毒包括环境消毒和带猪消毒，要严格执行卫生消毒制度，平时猪舍门口的消毒池内放入火碱水，每周更换2次，冬天为了防止结冰，可以使用干的生石灰进行消毒。转舍饲养猪要经过缓冲间消毒。带猪消毒可以用高锰酸钾、过氧乙酸、菌毒消或百毒杀等交替使用，于猪舍进行喷雾消毒，每周至少1次，发现疫情时每天1次。注意消毒前先将猪舍清扫干净，冬季趁天气晴朗的时候进行消毒，防止给仔猪造成大的应激，同时消毒药要交替使用，以避免产生耐药性。

3.保健

刚转到保育舍的仔猪一般采食量较小，甚至一些仔猪刚断乳时根本不采食，所以在饲料中加药保健达不到理想的效果，饮水投药则可以避免这些问题并达到较好的效果。保育第1周在每吨水中加入支原净60克+优质多维500克+葡萄糖1千克或加入加康（氟苯尼考10%免疫增强剂等）300克+多维500克+葡萄糖1千克，可有效地预防呼吸道疾病的发生。并且做好冬季猪舍内醋酸的熏蒸工作，降低猪舍内pH值以防止不耐酸致病微生物的入侵。驱虫主要包括蛔虫、疥螨、虱、线虫等体内外寄生虫，驱虫时间以35～40日龄为宜。体内寄生虫用阿维菌素按每千克体重0.2毫克或左旋咪唑按每千克体重10毫克计算量拌料，于早晨喂服，隔天早晨再喂一次。体外寄生虫用12.5%的双甲脒乳剂兑水喷洒猪体。注意驱虫后要将排出的粪便彻底清除并作妥当处理，防止粪便中的虫体或虫卵造成二次污染。

4.疫苗免疫

接种各种疫苗是保育舍最重要的工作之一，注射过程中，一定要先固定好仔猪，然后在准确的部位注射，不同类的疫苗同时注射时要分左右两边注射，不可打飞针；每栏仔猪要挂上免疫卡，记录转栏日期、注射疫苗情况，免疫卡随猪群移动而移动。此外，不同日龄的猪群不能随意调换，以防引起免疫工作混乱。在保育舍内不要接种过多的疫苗，主要是接种猪瘟、猪伪狂犬病以及口蹄疫疫苗等。对出现过敏反应的猪将其放在空圈内，防止其他仔猪挤压和踩踏，等过一段时间即可慢慢恢复过来，若出现严重过敏反应，则肌内注射肾上腺素进行紧急抢救。

六、日常观察和记录

保育舍内的饲养员除了做好每天的卫生清扫、清粪、冲圈外，还要仔细观察每头猪的饮食、饮水、体温、呼吸、粪便和尿液的颜色、精神状态等。辅助兽医做好疫苗免疫、疾病治疗和70日龄称重等常规工作，对饲料消耗情况、死亡猪的数量及耳号做好相关的记录和上报工作。对病弱仔猪最好隔离饲养，单独治疗，这样一方面保证病弱仔猪的特殊护理需要，另一方面可以防止疾病的互相感染与传播。

第七节
育肥猪饲养管理

育肥猪精细饲养应达到料肉比（2.4～2.6）：1，日增重1000克以上，育肥期不过90天。要求饲养人员精明强干，选猪精益求精，饲养精耕细作，成本精打细算，进行精细化管理（图5-29、图5-30）。

图5-29 育肥猪饲养

图5-30 育肥猪采食

一、圈舍准备

可建经济实用单列塑料暖棚猪舍，全进全出饲养方式，每次转群后彻底消毒栏舍、饲槽，并空闲一段时间。每期（批）育肥猪饲养3个月，4个月1个周期，年出栏3批。

二、选购仔猪

到无疫区内的标准化猪场选购健康三元猪。进猪后当日内严禁过量采食，仔猪适应环境后，安排去势、防疫和驱虫工作，驱虫口服伊维菌素，驱疥癣注射伊维菌素，然后保健用药1周。注意不去社会上购买土杂猪，一是可能有病，二是生产性能差。试验证明，二元杂交猪日增重比纯种猪高150%，三元杂交猪比纯种猪高25%左右，目前国内多采用长×大杂交母猪与杜洛克猪、皮特兰猪或汉普夏猪等公猪交配，获得最佳的三元杂交组合。

三、适度规模

小型养殖场，每批适度规模为100～150头为好，一般不超过300头。坚持"留弱不留强""夜合昼不合"，即在转圈时转多不转少，留弱不留强，转大的，留小的，防止因转圈带来的应激、大欺小等，防止打架，要按来源、品种、体重大小合理分群合圈，合圈时安排在晚上，白天不合圈，每圈饲养10～30头。

四、优质饲料

洋种杂交猪和土种杂交猪的日粮消化能分别为13.5兆焦/千克、12.5兆焦/千克，粗蛋白17.5%、15.5%，赖氨酸1.03%、0.9%。洋种杂交猪和土种杂交猪（60千克至出售）的日粮消化能分别为13兆焦/千克、12兆焦/千克，粗蛋白14.5%、13.5%，赖氨酸0.8%、0.75%。喂料量可参照以下公式：体重50千克以前，饲喂量＝体重×4.5%；50千克至出栏，饲喂量＝

扫一扫
观看"育肥猪饲喂"
视频

体重×4%。建议使用自动料槽（筒）饲喂，非自动料槽（筒）每头猪占位30～50厘米。饲料要选用大品牌，有条件的自配饲料，会大大降低成本。饲料的料肉比在（2.4：1）～（3.0：1）。

五、供给清水

乳头饮水器高度为中猪35～45厘米或45～55厘米，一般冬季饮水量为采食量的2～3倍，夏季5倍。猪的饮水必须消毒，即便是自来水，也要进行过滤沉淀。不消毒的饮水极易导致猪腹泻。

六、重视调教

猪只进入猪舍后3天内不离人，及时调教，尽快养成采食、排泄、躺卧三点定位的习惯。可在猪舍内一角放些水和粪便，引导在此排粪撒尿。

七、环境调控

育肥期适宜温度为15～20℃，相对湿度为63%～68%。减少空气中有害气体的含量。温度低时要采取保温措施，可在圈舍栏增加垫料，覆盖彩条布和塑料薄膜等方式来增加舍内温度。温度较高时，地面洒水，也可采用通风排湿来降温。

八、卫生防病

注意消灭"四害"，切断疾病传播途径，保证生物安全。猪栏干净、干燥，每日清扫2次，每周消毒1～2次，疫病期间每日1次。经常观察健康状况、精神状态、采食、躺卧、排泄情况，注意防治呼吸道疾病，病猪早发现早隔离，重病者静脉给药。若场内或周边疫病流行，猪群处于亚健康状态，疫病多发季节，或饲养管理条件和天气突变等情况下，用药保健。

九、日常管理

（1）组群规模　小猪（15～30千克）以20～25头为宜，中猪

（30～60千克）以10～13头为宜，大猪以7～10头为宜，气温低时，头数多点，相反则少点。

（2）饲养密度　体重15～30千克的0.8～1.0平方米/头；体重30～60千克的1.0～1.5平方米/头；体重60～100千克的1.5～2.0平方米/头。饲养密度还需要根据舍内温度适当调整，寒冷时密度大些，高温时密度小些。

（3）温度　体重15～30千克、30～60千克、60千克以上适宜温度分别为25～21℃、21～18℃、18～15℃。温度过高，猪会出现烦躁不安、不进食；温度过低，猪相互拥挤，采食量增加，不但浪费了饲料，而且体重还会下降。

（4）湿度　湿度在40%～75%，杜绝高温高湿、低温高湿。

（5）通风　保证通风良好，使舍内空气新鲜，降低氨气、硫化氢的浓度。经常保持圈舍卫生，减少污浊气体和水汽的产生。

（6）光照　只要不影响饲养人员的工作及猪的采食即可，不要强光，以免影响猪的休息和睡眠。

（7）给料　给料量是按照猪体重的4%～5%预计。

（8）种类　小猪（15～30千克）、中猪（30～60千克）和大猪（60千克以上）分别给予小猪料、中猪料和大猪料，饲料的营养严格按照猪的营养标准进行，并且注意三种料转换，一般在一周内换完，不能少于5天。

（9）坚持"三看"　看吃食：观察吃食表现，看食欲好坏；看粪便：观察干稀、颜色和气味；看动态：观察行动表现及精神状态。

十、适时出栏

根据市场需求和生猪价格变化规律适时出栏，可获得较好的经济效益。

母猪批次化饲养管理

一、批次化生产的目的和意义

1.批次化生产的目的

（1）工厂化养猪的显著特点。

（2）保障生产线常年相对均衡生产的工艺技术要求。

（3）当生产母猪达到一定存栏量时，猪群在每天、每周、每月有若干头必然发情，配种、妊娠、哺乳、断奶、保育等是遵循母猪生理规律，按照工业化生产思维设计的程序养猪的生产技术的综合。

（4）能够执行全进全出的生产规范。

（5）便于对设施、设备有计划地安排清洗、消毒、空置预留下批次生产。

（6）工厂化生产对生物安全的基本要求。

（7）便于淘汰，净化猪群、及时处理无经济价值或对大群有健康威胁的残次品。

（8）便于提升生产线各环节精细化管理水平和协调、互助能力，培养团队意识和凝聚力。

（9）对后备猪群培育提出很高的要求。

（10）是对工厂化养殖系统的全面提升。

2.批次化生产的意义

（1）有序化的生产管理　传统的生产管理同批次化生产管理相比生产速度较为迟缓，毫无章法可言。若将1周生产作为1个周期，按新式的批次化管理生产流程，能更合理地规划劳动力，提高工作效率，也会使母猪繁殖状态同步化，从而可以保证消毒时间、空栏时间和干燥时间，更有利于卫生管理。

（2）为仔猪免疫创造有利条件 实行批次化管理后，仔猪出生时间平均相差不超过2天。这对于仔猪免疫管理是十分有利的。现在的中国大多数的猪场，仔猪免疫可能相差7天左右，这样的生产管理对仔猪免疫很不利。从卫生管理角度看，最好可做到全进全出。

（3）最佳的寄养管理 由于初产母猪繁殖性能较经产母猪不稳定，出生的仔猪可能需要其他经产母猪代养，寄养前仔猪最好能吃到初乳，最佳的寄养时间是出生后12～24小时，超过这个时间对寄养是不利的。如果能实现生产同期化，将有更多的机会进行相互间的调节，有利于仔猪的成长与健康发育。

（4）提升经济利益 目前中国猪场生产管理的重点是提高产胎数和产仔数等，然而在德国良好的管理条件下，着重强调的是减少生产的波动和生产更多的断奶仔猪。批次化生产就是一个很重要的因素，由于各项生产的同期化使仔猪断奶、体重、健康状况呈现出较多的一致性，降低了猪群的发病概率，从而可以减少健康管理的成本和其他生产成本。

二、母猪批次化饲养技术

1.批次化后备母猪的营养需求

后备母猪一般指5月龄左右被选留种用后直到初次配种的母猪，因此，后备母猪的饲养目的有别于生长育肥猪。后备母猪在不同的生长阶段对营养的需求不同，需制定不同的饲喂方案。当后备母猪的体重低于61千克时，限饲会明显地推迟母猪初情期，当体重大于61千克时，对母猪进行中等程度的限饲则对其初情日龄并无影响。通常如果不进行限饲处理，极易造成后备母猪过度肥胖，影响其骨骼和肌肉的发育，从而降低母猪的繁殖性能。其中，蛋白质、氨基酸等是维持后备母猪正常生长发育的必需物质，缺乏甚至不平衡都会延迟后备母猪的初情期。如果后备母猪饲料中的蛋白质含量从140克/千克降低至100克/千克，发现母猪的初情日龄相应地从160

天延长至178天。当后备母猪饲料中赖氨酸的添加量仅为56%的理论需求量时，则显著降低了12～38周龄母猪的发情率。研究发现，后备母猪前期的可消化赖氨酸水平为0.43%，NRC（2012）推荐体重为50～75千克、75～100千克和100～135千克的后备母猪所需的钙和可消化磷含量应分别为12.22克/天和5.68克/天、13.36克/天和6.21克/天、13.11克/天和6.10克/天。后备母猪后期的饲喂目的主要是为了促进母猪发情排卵，为了提高排卵数，可在母猪配种前两周进行短期优饲。当后备母猪消化能摄入量从35.59兆焦/天增加至45.83兆焦/天，卵泡数量和卵母细胞成熟比例增加，排卵数也逐渐从11.8个增加到13.2个。由于优饲可增加母猪体内的胰岛素和胰岛素样生长因子（IGF）含量，刺激促黄体素的分泌，提高血液中雌激素和促卵泡激素水平，从而增加母猪排卵数并相应提高受孕率。

2. 批次化妊娠母猪的营养需求

妊娠初期的第20～30天对母猪进行限饲，能显著提高胚胎存活率和窝产仔数。在妊娠前期，对母猪日粮中的消化能和可消化赖氨酸含量控制在12.50兆焦/千克和0.69%可有效提高其窝重。由于母猪在妊娠后期对营养的需求增加，而限饲母猪由于采食量得不到满足，在采食后仍旧有较高的食欲，常常会引起严重的行为问题，如采食时的刻板行为和竞争行为。同时因为母猪在妊娠期间，妊娠合成代谢能力增强，对高纤维饲料的消化率也大大提高。研究表明，对限饲的妊娠母猪饲喂高纤维饲料能使母猪获得饱腹感，减少采食时口腔的刻板活动与不安。并且在妊娠母猪日粮中添加叶酸可显著提高仔猪数，通常市场上妊娠母猪日粮中的叶酸添加量为0.2～15毫克/千克。

3. 批次化哺乳母猪的营养需求

泌乳是一个消耗大量营养物质和能量的过程，研究表明，哺乳母猪日粮中高达50%～60%的营养物质会被分泌到猪乳中。当日粮中的营养水平不足以维持泌乳行为时，母猪会动员机体储备来支撑并维持泌乳，因此母猪在泌乳期间常常会出现严重的体重损失现象，对之后母猪的繁殖性能造成负面影响。提高哺乳母猪日粮中的蛋白质和氨基酸水平对母猪的繁殖性能和泌乳性能影响很大。研究表明，日粮中理想的氨基酸模式是动态的，需根据母猪在泌乳期间组织的动员水平来设计日粮营养水平，理想的赖氨酸与苏氨酸比值为100∶62。赖氨酸是哺乳母猪的第一限制性氨基酸，当饲料中蛋白质和赖氨酸的含量提高时，母猪泌乳量增加且乳品质也相应得到改善。因此赖氨酸水平维持在32～58克/天较为合适。另外，缬氨酸添加量最低要求为6.5克/千克。综上所述，饲喂哺乳母猪高水平粗蛋白和赖氨酸饲料可显著提高哺乳仔猪的日增重和断奶窝重，而不会造成母猪体重损失增加、产仔数减少等现象。

母猪批次化生产管理是符合现代化养猪场猪群繁殖及育种的一种有效的管理模式，主要包括发情期同步化、卵泡发育同步化、排卵同步化、配种同步化和分娩同步化技术。该生产模式可有效减少疾病传播和工人的工作量，提高猪舍健康卫生水平和仔猪存活率等，最终提高猪场经济效益。且不同生长阶段的母猪对营养水平的需求不同，通过批次化管理可有效地对母猪进行营养调控。

三、母猪批次化管理技术

为实施母猪生产批次化管理，我们首先要做的就是理清猪场目前的状况，包括母猪的体重、体况、气候状况（即温度、通风和湿度及其相关因素）、水质和饲料。在改善猪场现有状况后，可以更好地实施母猪生产批次化管理技术。母猪生产批次化管理技术主要包括定时输精技术和分娩同期化技术。

1.母猪批次化生产技术指标

（1）后备母猪：配种率100%，配种妊娠率80%。

（2）断奶7日龄母猪：配种率100%，配种妊娠率85%。

（3）超日龄后备母猪及经产母猪：配种率100%，配种妊娠率70%。

（4）产仔数：较常规生产多10%以上。

2.定时输精技术

定时输精技术又可细分为性周期同步化、发情同步化（卵泡发育同步化）、排卵同步化和人工输精技术和分娩同期化技术。

（1）性周期的同步化　性周期同步化作为生物技术管理办法，是批次化管理的基础，可以对母猪群进行高效地分批管理，从而提高猪场的生产效率。

① 经产母猪性周期同步化技术。经产母猪的哺乳期通常为21～28天。在德国，由于对动物福利的重视程度颇高，若哺乳期少于21天便是侵犯了仔猪的福利。断奶后，由于没有了仔猪对乳头及乳房的强烈刺激，母猪体内催乳素浓度迅速下降，解除了对下丘脑促性腺激素释放激素（GnRH）释放的抑制作用，下丘脑开始有节律地释放GnRH，恢复性周期。德国为实现批次化管理通常在每周三下午实施同步断奶，从而使性周期同步化。

② 后备母猪性周期同步化技术。后备母猪和经产母猪相比有一定的特殊性，其性周期不统一，一般采用四烯雌酮进行同步化处理。具体方法：在饲料中添加四烯雌酮饲喂母猪，1次/天，剂量为20毫克/（头·天），持续饲喂18天。四烯雌酮可以延展母猪的黄体期，也可以促进子宫内膜的生长和发育，有利于提高受胎率和产仔数。德国为实现批次化管理，使后备母猪与经产母猪性周期同步化，通常在周二晚上停喂四烯雌酮。

（2）卵泡发育同步化　卵泡发育同步化是定时输精的前提，经产母猪在断奶后24小时注射孕马血清促性腺激素（后文统称"血促性素"，国内通常用PMSG表示，国外通常是eCG），初产母猪的剂量是1000国际单位，而2胎以上经产母猪的剂量则为800国际单位。后备母猪在停喂四烯雌酮后42小时，注射血促性素来促进卵泡发育，剂量为800国际单位。这样人工干预的目的在于使卵泡发育更一致。然而，四烯雌酮和血促性素使用的间隔时间不同，其结果也有很大的差别，关于两者使用的间隔对后备母猪的影响，如表5-7所示。

表5-7 四烯雌酮和血促性素对后备母猪繁殖性能的影响

	两种药物使用的时间间隔/小时	母猪数/头	开始发情时间/小时	发情持续时间/小时	卵泡数/个	胚胎量/个
LAU（2002）	24	7	5.4	39.4	15.4	13.0
	41	5	5.2	40.8	16.0	13.3
	48	6	5.3	40.0	17.7	15.7
SCHNURR-BUSCH（2002）	两种药物使用的时间间隔/小时	母猪数/头	妊娠率/%	窝均产活仔数/头	产活仔指数（100窝为例）	
	24	953	75.6	9.58	724	
	40～42	1050	83.4	10.4	870	

表5-7表明，对于四烯雌酮和血促性素使用的间隔时间比较，无论是排卵数、胚胎数，还是妊娠率和产仔数，间隔40～42小时均比间隔24小时好。同时德国研究者还认为，使用血促性素比使用血促性素和绒促性素更有效，后者中的绒促性素常导致黄体囊肿和卵泡黄体化，两者使用后对后期促黄体素分泌模式的影响也有很大不同（表5-8）。

表5-8 不同诱导卵泡发育方法对母猪繁殖性能的影响

分组	激素用量	母猪数/头	妊娠率/%	窝产仔数/头 总产仔数	窝产仔数/头 活仔数	产仔指数（100窝为例）
初产母猪	PMSG1000国际单位	176	71.0	11.50	10.75	763
	PMSG400国际单位、HCG200国际单位	240	60.0	10.97	10.40	624
经产母猪	PMSG1000国际单位	407	85.5	12.45	11.41	976
	PMSG400国际单位、HCG200国际单位	362	75.7	12.23	10.81	818

（3）排卵同步化 排卵同步化也是定时输精的前提，在用血促性素促进卵泡发育后，虽然卵泡发育比不用血促性素更集中，但为实现定时输精，还有必要使用促排卵的药物，促进卵泡的最后成熟和集中排卵。后备母猪在注射血促性素后78～80小时使用促排药

物，经产母猪在注射血促性素后72小时使用促排药物，排卵发生于注射促排药物后32～37小时，排卵持续2～6小时。HCG和GnRH促进排卵的效果也不相同，后者更具有生物学效果，实验数据也表明GnRH比HCG效率更高。

如表5-9所示，使用GnRH和HCG促排卵，产仔指数（100头配种母猪所产活仔数）前者更好。德国为实现批次化管理，通常于周日下午使用GnRH。

表5-9　不同促排药物（GnRH和HCG）对后备母猪繁殖性能的影响

参数	激素应用	
	GnRH（50微克）	HCG（500国际单位）
后备母猪数/头	427	395
开始发情时间/天	4.7±1.0	4.8±0.9
发情持续时间/小时	37.5±712.5	37.7±11.5
妊娠率/%	86.7	85.8
窝产仔总数/头	12.04±3.13	12.1±23.16
窝产活仔数/头	10.77±2.95	10.51±2.95
产仔指数	9334±58	9024±58

（4）人工输精技术　在性周期同步化、卵泡发育同步化、排卵同步化的基础上，母猪发情也基本同步化，这样才有条件实现定时输精。在注射GnRH 24小时后进行第1次输精，注射GnRH 38～40小时后进行第2次输精，发情鉴定和公猪诱情也是必需的，虽然大部分母猪可按程序输精，少部分母猪根据发情鉴定情况调整输精时间。输精时在每份精液中直接加入10国际单位缩宫素，轻摇3～5次后马上输精。缩宫素能加强子宫和输卵管的收缩，促进更多的精子更早到达输卵管的壶腹部，可显著提高初产母猪和高温季节母猪的妊娠率。由于精子从阴道到达输卵管的壶腹部及获能需要8～12小时，精子保持受精能力时间从输精开始计算为24～48小时，排卵开始于注射GnRH后的32～37小时，而卵子保持受精能力为

8～10小时，这样第1次输精可以保证获能后精子等待卵子受精，同时根据以上时间点，2次输精的间隔理论上可以在20～42小时。德国为实现批次化管理，通常于周一下午和周二上午各输精一次。

（5）分娩同期化技术　母猪妊娠期的变化范围在110～120天，如果要对某一分娩批的母猪进行批次化管理，就要先想办法将该批次母猪的分娩时间大部分集中在115天。如果配种时间在周一或周二，那么第17周的周三也即114天孕期时，我们就可用PGF2α或类似物诱导还未分娩的母猪进行分娩，从而集中分娩时间。按照德国的做法，若周一下午第1次输精，周二上午第2次输精，通常将第1次输精的时间记为0天，第2次输精的时间记为妊娠期的第1天，若将使用PGF2α或类似物达到同期分娩的情况作为一个标准，就必须清楚其使用的时间，由于40%～50%的母猪会自然分娩，而有些杂交猪种分娩时间是不一样的，但是国内现有饲养的品种妊娠期基本在115～116天，总的来说还要根据不同的品种有所调整。95%的母猪在使用PGF2α或类似物以后在36小时内完成分娩，同步分娩的方法使用氯前列烯醇钠剂量为75～100微克（国内标准为0.2毫克）。在使用氯前列烯醇钠后若母猪还未分娩，在使用前列腺素24小时后再使用10国际单位缩宫素，此方法必须强调的是用量不能超过10国际单位，超过10国际单位子宫将出现痉挛性收缩，对分娩没有帮助，反而会使仔猪窒息。研究表明，使用PGF2α或类似物24小时后再用缩宫素，可提早分娩，也可缩短母猪产仔持续时间约1小时。这样既可以减少母猪的应激、整个围产期的综合征（包括子宫内膜炎、无奶等症状）并利于母猪发情，又可以减少仔猪应激、死胎和弱仔数，增加仔猪的均一性，为下一个周期的批次化管理打下了一个良好的基础。

四、批次化生产和管理工作流程的制定

1.数据收集

收集未分娩母猪以及哺乳母猪的详细日期信息，为批次计划做好准备。

2.制定表格

将收集好的母猪数据详细填写到母猪批次化生产记录表格当中，推算批次化生产的调整方案。

3.栏位计算

调查猪场内猪舍排布及配种舍和分娩舍及保育舍的数量、栏位、饲养量等数据，计算出猪场合理的批次化生产天数。

（1）配种妊娠单元　每批配种数78头，3周批，受胎率95%，饲喂时间4周，78÷3÷0.95×4=110个，需要110个限位栏。

（2）妊娠舍单元限位栏数　每周配种数26头，受胎率95%，饲养天数79天，26×0.95×79÷7=279个。妊娠单元需要279个限位栏。

（3）待配母猪栏数（10头/栏）　妊娠前中期母猪数26×0.95×79÷7=279头，妊娠后期母猪数66÷3×11.3=249。每批断奶母猪数66头。待配栏母猪数最大值279-249+66=96头，共需要10个大栏。

（4）补充后备常年存栏数（10头/栏）　后备母猪进入后备舍50千克，100天后达到120千克，饲养时间约110天，每批补充后备母猪15头，15÷3×110÷7=79头，共需8个栏。

扫一扫
观看"母猪产前7天
上产床"视频

（5）产房单元　母猪在产房5周（提前7天上产床+28天断奶），转群后清洗消毒1周，产房利用时间为6周。产房组数6÷3=2组，每批分娩母猪数66头，每组产床66个共计132个，产房轮流使用。

（6）保育单元　保育舍饲养5周，转群后清洗消毒1周，保育舍利用时间6周。保育舍6÷3=2组。保育猪数627÷3×5=1045头，保育栏舍容量627÷3×6=1254头，栋舍数为2组，每组627头。

（7）育肥单元　育肥舍饲养14周，转群后清洗消毒1周，育肥舍利用时间15周，育肥舍15÷3=5组。

育肥猪数602÷3×14=2810头（包括自繁自养后备母猪、公猪），育肥栏舍容量602÷3×15=3010头，每组602头，每栏20头，共需150栏，每组30栏。

（8）每批出售育肥数　602×0.99=596头。育肥进行批次出售，提高猪只的整齐度，降低了猪群、人员的流动，降低了与外来车辆和人员的接触频率，提高生物安全防控水平。

（9）猪群占用面积　根据不同栏舍的猪只数量与饲养密度，计算出栏舍的面积。

提示：以上数据都是参考值，进行批次化生产需要根据猪场的实际生产数据进行计算调整。为了保障正常的生产，需要在理论基础上根据实际额外增加5%～10%的预算。

4.人员安排

猪场要有固定的母猪管理技术人员，使母猪生产具有连贯性。

5.计算方法

猪场的生产批次数＝母猪生产周期长度／各批次之间的间隔时间

（1）母猪生产周期：断奶到配种定为5天，而不是我们传统意义上的7天，配种到分娩114天，分娩到断奶21天，合计140天，20周。如果哺乳期是28天则生产周期为21周。114（妊娠期）+5（断奶至发情时间间隔）+21～28（哺乳期）介于20周（21天断奶）与21周（28天断奶）。

（2）各批次之间的间隔时间指将同一种生产事件的二次重复活动分开的天数。常见的为1/2周、1周、3周、4周、5周一个批次生产。

6.批次化生产管理要点

（1）母猪定时输精、同期分娩。

（2）每批猪只能饲养于同一组（栋舍）。

（3）每组（栋舍）都是独立运行。

（4）每次仔猪日龄相近（3日龄以内、PGF2α）。

（5）批次之间不混养、不回养。生产指标不合格的淘汰。

（6）后备猪的补充入群。

（7）高质量种猪精液的供应保障。

（8）栏舍数量、质量与人员的配套。

7.基本生产指标（参考值）

（1）母猪年周转率　$365÷[（114+28+7）×80\%+（114+28+7+21）×20\%]=2.38$，取2.3（二次返情和流产不计）。

（2）周批年产批次　$365÷21=17.38$

（3）每头母猪每年出栏肥猪数　$10×0.95×0.96×0.99×2.3=20.8$头

（4）500头母猪年出栏量　$500×20.8=10400$头

（5）每批分娩母猪数　$（500×2.3）÷17.38=66$头

（6）每批母猪配种数　$66÷0.85=78$头

（7）每批后备猪补充数　$（500×0.4÷0.8）÷17.38=15$头

（8）每批断奶仔猪数　$66×10×0.95=627$

（9）每批保育转育肥数　$627×0.96=602$头

（10）每批育肥出栏数　$602×0.99=596$头

猪舍管理采用全进全出方式隔离饲养，所有生产阶段虽处在同一猪舍内，但由于实施批次化生产，不同批次猪只绝不混养，每栋猪舍即是一批猪只，可视猪场规模大小可改为1/2周、1周、3周、4周、5周一个批次化生产，各栋猪舍间严格执行隔离防疫措施。不同生产阶段（种母猪、分娩哺乳、保育、生长育肥等不同分段方式）的猪只各自处于不同的猪舍内，而且使用全进全出的方式可以阻断疫病在猪只间的水平传播。

8.批次化管理制定：1周批、3周批、5周批

1周一批次，生产周期是20周的则需要20个群体来周转，21周的则需要21个群体来周转，也就是说1周一批次，需要20～21个群体。

2周一批次，需要10个群体。

3周一批次，需要7个群体（21周）。

4周一批次，需要5个群体。

5周一批次，需要4个群体。

如果是一个500头母猪的猪场，1周批每批次分娩25头，2周批分娩50头，3周批分娩75头，4周批分娩100头，5周批分娩125头。如果按85%分娩率计算的话，则配种头数分别为1周批每个批次就是29头，2周批就是59头，3周批就是88头，4周批就是117头，5周批就是147头。

分娩数与配种头数的数量差，我们可通过后备母猪和返情空怀母猪来补充，确保完全符合批次化生产所需要的配种头数。

母猪的批次化生产改变了原有的连续生产方式（每天都有配种、分娩、断奶的情况），将每批次母猪进行同期断奶、配种和分娩，并且每个操作环节都集中在较短的时间内完成，每栋栏舍采用全进全出的方式饲养，提高了猪场设备利用率、仔猪上市整齐度，降低了残次率，降低了猪群、人员在场内流动与外界接触频率，提高了生物安全防控水平，更有利于猪场疾病防控、净化与进行工厂化的高效管理。

表5–10　批次化管理表：1周批、3周批、5周批

150张产床来计算	产房存栏批次	单元数	产房母猪数	定位存栏批次	位数	定位母猪数	总母猪存栏数
周批（3周）		150/5	4×30头	17	17×30/0.9	16×30/0.9	20×30/0.9
周批（4周）	5	150/6	5×25头	17	17×25/0.9	16×25/0.9	21×25/0.9
周批	2或3	150/3	2×50头	8	8×50/0.9		10×50/0.9
周批	1或2	150/2	1×75头	6	6×75/0.9		7×75/0.9
周批	0或1	150/1	0	5	5×150/0.9		5×150/0.9
周批	0或1	150/1	0	4	4×150/0.9		4×150/0.9

表5-10表示的是一个猪场在产床数量固定的前提下，采取不同的批次类型，对母猪群体的影响关系。

如150张产床固定，1周批（产房存栏批次1周、定位存栏批次4周）母猪群为667头，1周批（产房存栏批次1周、定位存栏批次5

周）母猪群为833头；2周批（产房存栏批次2周、定位存栏批次6周）母猪群为583头；3周批（产房存栏批次3周、定位存栏批次8周）母猪群为555头，3周批（产房存栏批次5周、定位存栏批次17周）母猪群为667头；4周批（产房存栏批次5周、定位存栏批次17周）母猪群为583头。

同样的产床数量，所饲养的母猪越多，也就意味着设备的利用率越高，所需要的单位成本越低，从表格上看4周批产能是最高的，但是，4周批的弊端也非常大。

首先是生产节奏太快：4周批的哺乳期是3周，只有1周时间清洗、消毒、干燥，还需要母猪提前上产床。时间安排太紧，往往会出现清洗、消毒工作不到位，增加疾病传染的风险。

其次是人员工作量大：4周批模式的主要工作如配种、断奶、清洗、上床和分娩都是在7天内进行。在500头母猪的猪场内，100头母猪在分娩，117头母猪在配种，还有100头母猪需要断奶，断奶后100张产床要清洗，还有100头重胎母猪要上产床，当然还有100窝断奶仔猪需要转保育。还要进行日常的饲养管理、免疫操作等，这么多的工作集中在7天内完成，难度可想而知。

猪场生产批次化设计是一个复杂的系统，为了更好地积累稳定猪场的技术数据，需要了解批次化的流程与原理，可以参考第四章第五节"三、母猪批次化生产具体操作和注意事项"及第五章第八节"三、母猪批次化管理技术"和"四、批次化生产和管理工作流程的制定"。母猪批次化生产中，需要短时间内进行大量输精工作，要注意高质量种公猪精子的供给，管理好种公猪的健康也是确保批次化生产正常进行的前提。5周批是比较合理的选择。

五、母猪批次化管理的优缺点

母猪实行批次化管理后，有其自身的优点和缺点，具体如下。

1. 优点

批次化生产和管理的优势：是对自然规律、生理规律的科学尊重、理解并运用人为设计而进行的现代化农业动物生产形式；是对人、财、物、时间的组合、配套和集大成者；是养猪生产体系内的互动和技术协调。

（1）防止水平感染，阻断疾病传播，降低死亡率。

（2）生产出健康状况良好的猪群，进而降低医疗费用。

（3）进食饲料，不需要转换成免疫物资，蛋白质可完全消化吸收，改善饲料转化率。

（4）不同批次可以精准地给予适当的营养。

（5）环境温度及通风更容易控制，营养需求可依照不同日龄、体重或公母分栏饲养。

（6）配种及分娩等工作，集中于短时间内完成，不同批次可以精准地给予适当的营养。

（7）配种及分娩等工作，集中于短时间内完成，可节省工作时间，提高管理效率。

（8）新生仔猪批量大，交叉寄养较容易。

（9）饮水及耗料可依批次或单位个别监视使用量。

（10）比对测试数量大且变数小，母猪在养头数降低。

（11）容易整批出售仔猪或肉猪，数量大且整齐度较佳。

（12）共用优良公猪精液，降低种猪成本。

（13）空闲时间容易安排，畜舍硬件的维修、清洗及消毒可大规模彻底进行，猪只移动与清洗空栏的频率减少。

（14）节省疫苗支出。

（15）将主要的饲养技术及人力集中在配种及分娩照顾工作，将时间及精力专注于猪场最重要的地方。

（16）容易控制突发性流行疾病，可针对感染批次实施特定治疗。

（17）治疗猪只可明确标示，生产安全卫生的肉品。

（18）使工作量集中，增加休闲时间（保养、维修、休假、进修等）。

2.缺点

在生产中各个环节协调不到位、猪群的健康、猪栏使用合理化、技术人员对母猪相对精准的技术程度等都会对均衡生产造成干扰，使批次化生产线逐渐参差不齐，从而影响整个猪场的生产效益。

高效养猪全彩图解＋视频示范

第六章

猪的疾病防控

第一节

猪场消毒制度

消毒的作用主要是杀灭病菌，在规模化猪场有四道屏障用来杀灭病菌。第一道是大门，第二道是生产场区，第三道是猪舍入口，第四道是猪舍内部。

第一道屏障是生产区的大门，大门担负着将病菌拒之门外的作用。生产区需要设置两道门，一道大门用来给车辆消毒，另一道小门用来给人员消毒。对于规模化猪场来说，少不了车辆的出入，这些车辆从繁华的地方驶来，难免会带有许多病菌，所以车辆进入之前，要先给它消毒灭菌。

扫一扫
观看"进猪场前进行
消毒"视频

只要进入猪场的车辆，就要用消毒剂进行消毒，消毒剂可以使用次氯酸盐、有机碘混合物、过氧乙酸、新洁尔灭等，用喷雾装置进行喷雾消毒，消毒主要针对车辆的车轮。

外来人员的车辆只能进到生产区的外面，不允许进入生产区，只有运送饲料和运送猪只的车辆才允许进入生产区，这些车辆要经过更为严格的消毒才能进入生产区。在生产区的大门前面，有一个消毒池，春、夏、秋三季可以用2%～4%的火碱水溶液泼洒在消毒池里，火碱是一种消毒作用极好的药物，其2%～4%的溶液可杀死繁殖型细菌和病毒。为了保持火碱水溶液的洁净，每2～3天更换一次。在北方的冬季，由于气温较低，使用火碱水溶液容易冻成冰，可以采用生石灰抛撒消毒池的方法给车辆消毒。生石灰来源广、价格低、杀菌消毒效果好，对大多数细菌有较大的杀菌消毒作用。每隔3～5天，生石灰会发生潮解而变硬，这时候要更换新的生石灰。

工作人员也是将病原带入场区的主要媒介，因此，进入猪场的人员必须严格消毒。走进消毒室，用紫外线照射5分钟。进入生产区的工作人员应更换消毒好的防疫服、鞋、帽，防疫服、鞋、帽每周清洗、消毒一次。进入场区前，工作人员也要经过一个消毒池，池内盛有0.3%菌毒敌或3%～5%来苏尔消毒液，工作人员进入生产区前必须脚踩消毒池消毒。防疫服仅限在生产区内使用，不得穿出生产区。

第二道屏障是生产场区。因为病菌的传播途径很广，除了车辆和工作人员会带入病菌外，通过尘土、空气等媒介也会传播病菌。那么场区消毒就可以对这些病菌起到一定的杀灭作用。常用的消毒剂有癸甲溴铵戊二醛溶液、二氯异氰尿酸钠、聚维酮碘等，这些消毒剂具有高效、广谱、快速、安全、低毒、无残留、不污染环境的特点。场区的消毒每周两次，使用时按照说明书的用量兑水，使用喷枪或喷物器喷洒都可以。猪场工作人员在消毒过程中，往往出现走捷径的现象，如消毒速度过快，喷洒不均匀，不采取喷雾的方式等，这样无论是环境消毒还是带猪消毒很容易留有死角，不能很好地起到消毒的作用。

第三道屏障是猪舍入口。猪舍的入口也有一个消毒池，主要用来为工作人员的靴子消毒，消毒池里依然使用火碱水，但是在池子里要铺上麻袋片，这样工作人员在进入猪舍之前，把鞋上的泥土擦在麻袋片上，用火碱水为靴子消毒。

第四道屏障是猪舍内部。猪舍内部消毒又分为带猪消毒和空舍消毒。带猪消毒：带猪消毒对环境的净化和疾病的防治具有不可低估的作用。可选择对猪的生长发育无害而又能杀灭微生物的消毒药，如过氧乙酸、次氯酸钠、百毒杀等。经检测，用这些药物带猪消毒，不仅能降低猪舍内的尘埃，抑制氨气的产生和吸附氨气，可使地面、墙壁、猪体表和空气中的细菌明显减少，清洁猪舍和猪体表，还能抑制地面有害菌和寄生虫、蚊蝇等的滋生，夏天还有防暑降温功效。一般每周带猪消毒1次，连续使用几周后要更换另一种药，以便取得更好的预防效果。空舍消毒：对"全进全出制"饲养方式的猪场，在引进猪群前，必须进行彻底的熏蒸消毒。熏蒸消毒是指利用二氯异氰尿酸钠等烟雾熏蒸剂，点燃后产生气体经一定时间后杀死病菌。是猪舍常用和有效的一种消毒方法。熏蒸消毒最大的优点是熏蒸药物能均匀地分布到猪舍的各个角落，消毒全面彻底，省时省力。在使用熏蒸消毒的时候，有几个需要注意的地方：猪舍要密闭完好，甲醛气体含量越高，消毒效果越好；熏蒸的时候要选择离门近一些的地方，以便操作人员能迅速撤离；要维持一定的消毒时间，要求熏蒸消毒24小时以上，如不急用，可密闭2周；熏蒸消毒后注意通风，要打开猪舍门窗，通风换气2天以上，等气体完全逸散后再使用。

第二节
不同猪群的免疫程序

不同猪群的免疫程序见表6-1。

表6-1 免疫程序

猪群	免疫疫苗	免疫时间	免疫剂量	使用方法
后备猪	猪瘟	配种前1个月	4头份	肌内注射
	伪狂犬	配种前1个月	1头份	肌内注射
	细小病毒	配种前1个月	2毫升	肌内注射
	口蹄疫	配种前1个月	3毫升	肌内注射
	蓝耳病	配种前1个月	1头份	肌内注射

猪群	免疫疫苗	免疫时间	免疫剂量	使用方法
种公猪	猪瘟	每年春秋	4头份	肌内注射
	伪狂犬	每年春秋	1头份	肌内注射
	细小病毒	每年春秋	2毫升	肌内注射
	口蹄疫	每年春秋	3毫升	肌内注射
	蓝耳病	每年春秋	1头份	肌内注射
基础母猪	口蹄疫	产前45天	3毫升	肌内注射
	蓝耳病	产前35天	1头份	肌内注射
	伪狂犬	产前30天	1头份	肌内注射
	细小病毒	产后7天	2毫升	肌内注射
	猪瘟	产后21天	4头份	肌内注射
自繁自养仔猪	伪狂犬	1～3日龄	1头份	肌内注射
	猪瘟	21日龄	4头份	肌内注射
	口蹄疫	35日龄	1.5毫升	肌内注射
	伪狂犬	45日龄	1头份	肌内注射
	猪瘟	55日龄	4头份	肌内注射
	口蹄疫	65日龄	3毫升	肌内注射
购买的仔猪	猪瘟	购入第3天	4头份	肌内注射
	伪狂犬	购入第7天	1头份	肌内注射
	口蹄疫	购入第10天	1.5毫升	肌内注射
	去势	购入第15天		

急性、外源性的传染病，如猪瘟、口蹄疫，通过基础免疫后，间隔6个月补免一次，是免疫的重点，必须将病毒拒之门外。传染性胃肠炎、流行性腹泻等虽归属于本类疾病，但其流行有明显的季节特点，故免疫接种可定于每年的流行季节来临时进行。隐性、内源性的传染病，如乙型脑炎、气喘病、蓝耳病、萎缩性鼻炎、传染性胸膜肺炎、猪副嗜血杆菌等，这类病往往在一些猪场内长期潜伏，时而隐居，时而袭击。通过检验检疫可判断其危害程度和发病方式，酌情选用疫苗，一般只要求免疫种猪，经过基础免疫后即可，不必反复接种，因为这些疾病都有自然感染的机会。急性、内

源性的传染病，如仔猪黄痢、白痢、轮状病毒感染、链球菌病、巴氏杆菌病等，防治这类疾病着重改善环境条件，同时也可适当使用药物控制，疫苗接种与否，并不很重要，可根据猪场情况而定。

第三节
猪场生物安全防控技术

猪场生物安全涉及的内容很多，主要有消毒、隔离、免疫、生产流程优化、人车物管控、生物媒介防控、死猪处理等，总的来讲，猪场的生物安全主要从猪场外围、猪场内部、猪场门口这3个方面着手。外围设置各种路障和标语，提示为猪场防疫重地，并且在猪场周围新建一堵围墙，阻隔疾病传播。大门口按照单向原则、严进少出原则，严管人、车、物，按照逐步稀释原则设置两级洗澡间和隔离房，远离生产区和生活区。内部按照猪群重要性原则，设置各区生物安全等级，优化生产流程，减少不必要的人、猪接触，如批次化集中生产，无公猪人工查情，合理规划和改造场内的污水和粪水的收集系统，使污水和粪水及时排净，改善场内环境在实际的生产中，猪场往往把主要人力、精力、物力放在场内，严守猪场大门口，忽视了猪场外围的生物安全工作，导致外围的车辆和人员流动管理以及防护墙的缺失。因此，猪场的生物安全工作要做到内外兼顾、主动出击，查找外围生物安全漏洞，把传播疾病的一切风险控制在外围，尽量减少场内的疾病压力。

一、猪场外围的生物安全防控

1.车辆清洗和消毒

建立猪场外围清洗、消毒中心的目的是清洗需要靠近猪场的车辆，但由于洗消中心与猪场之间还有一段距离，车辆很有可能在中途被污染。因此，在猪场外围需要再建一个车辆清洗和烘干的烘干房，对车辆进行二次清洗和高温烘干，也就是说两级洗消中心更安全。当然，建造费用也不菲。

2.外围道路的管控

外围道路管控涉及相关交通部门的权利，猪场作为一个企业单位没有权利限制人车流通，但又与猪场的疾病防控息息相关。其实，大部分猪场位置偏僻，可以尝试与相关部门协商，获得当地政府相关部门的支持，如在路边设置标语，提示猪场防疫重地切勿靠近，限制未经彻底清洗和消毒的车辆通行周边的水泥小路。

3.死猪的处理

死猪处理点一定要远离猪场，常规的深埋无害化处理方式存在风险：腐烂的尸体液会污染地下水系统，对于饮水源设置在猪场附近的猪场，猪只极有可能通过饮水感染病原体。因此，最安全的死猪处理方法就是将尸体远离猪场，采取焚烧的方式处理，有条件的猪场可以集中建立焚尸房。

4.粪水的处理

发病猪只排出的粪便可能带有病原体，处理不当有可能造成二次感染，较为稳妥的处置方法是用沼气池厌氧环境充分发酵粪便，通过厌氧、高温的环境杀死病原体，避免粪便再次感染猪只。在雨水充沛的季节还要做好雨污分离工作，防止雨水倒灌进排污系统，使粪水溢出地面，污染场内的大环境。

5.外围防护墙

外围防护墙主要是阻止老鼠、猫、狗等生物进入场内，防护墙距离猪场50～100米，防护墙上沿加装光滑的扣板，与墙体呈45°角。

二、猪场门口的生物安全防控

猪场门口的生物安全措施主要有消毒、洗澡、隔离、脏净区划分等，可以说猪场门口是生物安全的最后一道防线，关系重大。同时，猪场门口每天又有大量的人、车、物流动，增加了管理难度，因此猪场门口管理人员应具备吃苦耐劳和工作细致的优点，严格照章办事。

1.制定入场流程

内容要简明扼要，便于管理，也易于入场人员操作。人员入场流程为：距离场门口100米处对需要入场人员取样送检——合格后门口入场——清理指甲——卫可水清洗手部换上场内鞋子——登记基本情况——检查携带物品——所有携带物品浸泡消毒30分钟、熏蒸消毒12小时——洗澡3～5次——隔离36小时。对于需要入场的物品必须拆除外包装，一律采取浸泡消毒的方式；手机等贵重电子物品采用高温烘干消毒；所有车辆全部停放外围不许入场。对于所有的流程还要以广告牌的形式固定在醒目位置，提醒人员严格执行。

2.猪场门口的防控

猪场门口是外围和猪场内部的重要通道，是猪场各个区域人、车、物流动最频繁的地方，携带外源性病原风险最大。如果外部设为脏区，内部是净区，那么猪场门口就是缓冲区，因此要加强对猪场门口区域的消毒工作，增加消毒频率和消毒种类。

（1）猪场门口重点做好人员洗澡、车辆清洗烘干、物资检查与消毒工作，人员洗澡选择质量好的沐浴露和洗发水，彻底洗掉头发、身体上的油脂，一般至少洗3～6遍。车辆在指定外部清洗消毒中心彻底清洗烘干之后，方可进行第2次清洗与烘干。所有物资集中采购，统一采取浸泡方式消毒。

（2）猪场门口必须设置两级门岗，第1道门岗主要负责人员、车辆和物资的管控，第2道门岗负责人员隔离、物资转运等。

3.猪场内部的生物安全防控

（1）饲料和物资等必须在猪场门口用车辆驳运到内部，进入生产区再由生产区的专用车辆驳运到生产区。驳运结束后，车辆严格清洗和消毒。在生产区可以设置简易小型烘干房，用于饲料等车辆的烘干，静置72小时后方可进行再次转运。

（2）集中居住，便于人员管理。内部生产人员中午在生产区吃饭和午休，晚上全部回生活区吃饭和休息，严格区分生产区和生活区，每天安排专人负责生产区与生活区相连道路的清洗和消毒工作，道路消毒采取先用火焰消毒再进行喷雾消毒，消毒要在员工进入生产区前完成。

（3）死猪转运设置专用通道，严禁转运通道用于转群、人员通行等，做到专道专用。死猪转运由专人负责，通过传送带及时将死猪转运到外围，再由外围人员及时转运和处理。所有的转运工具在转运结束后第一时间清洗和消毒，消毒采用先喷雾再火焰消毒的方式进行，转运人员洗澡换衣，静置隔离。

（4）内部环境重点做好杂草的清除和白色垃圾的清理。生产区内部统一配置垃圾箱，所有垃圾放入垃圾箱，及时清理，做到垃圾不乱扔，环境整洁。每月用草甘膦对外部环境的杂草喷洒4次，减少蚊、蝇等各种生物媒介的寄生环境。

（5）排水、排污系统完善，场内的道路两边设置下水道，既便于收集雨水，又便于将清洗道路的污水回收，不造成二次污染。

（6）生产上大力推行批次化生产，做到各类猪群的全进全出，关键要做好后备母猪的发情记录，尤其是第1次发情，详细记录后备母猪阴户红肿和黏液分泌情况、是否有静立反射、发情时间等，为后续后备母猪批次入群提供保障。随着育种方向的转变，现在更多地考虑种母猪的生长速度和体形，发情时的静立反射比例越来越少，所以判断后备母猪是否发情不能唯"静立论"，更多地从阴户及阴蒂的颜色变化、采食量的多少、精神状态是否呆滞或兴奋与否去判断。否则，错过发情时间，大量后备母猪不能参与配种，影响批次化生产计划和经济效益。同时，可以通过饲喂烯丙孕素类避孕药物缩小配种时间的差异，提高配种时间的整齐度。

（7）开展无公猪协助的人工查情方法。公猪诱情可以提高发情鉴定的准确性，降低查情人员工作强度，但存在公猪与母猪的频繁且亲密的接触，公猪跑遍所有的栏舍，一旦行走路线中存在病原，会有大面积传播的可能。因此，从生物安全角度考虑，查情时不要公猪协助，并通过对配种技术人员的技术培训，提高人工查情的准确性。

（8）防疫方面，一方面减少不必要的疫苗种类，优化免疫程序，并通过实验室检测和猪群采食情况科学评估免疫效果；另一方面，在免疫时做好器具的消毒工作，注射针头一猪一针，通过疫苗免疫增加猪群对特定病原的抵抗力。

猪场的生物安全工作关系重大，应根据实际情况不断优化方案和流程，切不可迷恋于某种所谓较好的流程和方案。要坚信今天的防控方案只能用于当下某段时间，没有一成不变和高枕无忧的生物安全防控方案，要常抓不懈，筑牢猪场的生物安全防线。

第四节
猪场"五流"防控技术

一、防控动物流

猪场动物可分为猪群和其他动物。猪群流动应按照公猪舍—配种舍—妊娠舍—产房—保育舍—育肥舍—出售的方向，并执行"优进全出"的模式。优进全出是指猪舍清空后彻底清洗、消毒、干燥、空栏至少1周，只让健康猪进入新的猪群，将病弱猪转入隔离舍，避免病弱猪携带的病原微生物感染其他猪只。转猪时避免逆向返回，赶完猪的道路应进行清洗消毒。引种时应考察拟引种猪场猪群的健康状况，必须从比自身猪场健康度高的猪场引种，引种后必须经过一定时间的隔离驯化，最大限度减少引种带来疾病的风险。猪舍病弱猪经过治疗未见好转时应转入隔离舍，需要解剖诊断时应在专门解剖室或隔离区。病死猪禁止出售和食用，用转猪车及时移走并进行无害化处理。

许多动物（猫、狗、老鼠、鸟、蚊蝇等）是病原的携带者与传播者，猪场应杜绝除猪以外的其他动物进入厂区或在厂区活动，禁止饲养猫、狗、鸡、鸭等动物，尽可能消灭老鼠和蚊蝇等有害动物，并对野鸟进行控制。因此，不宜紧临猪舍四周种植较高的乔木，避免通风不良和影响光照，容易吸引飞鸟，不利于猪场疫病的防制。猪舍之间一般种植草坪即可，并定期修剪，防止杂草丛生和昆虫滋生。

二、防控车辆流

猪场车辆应做到专车专用，不同用途的车辆禁止拉运其他物品，外来车辆不能进入生活区，只能停放在场外停车处。本场乘用车（轿车、购物车、摩托车、自行车等）不准进入生产区，经严格消毒后停放在办公区专用停车场；运输原料或饲料的车需消毒后进入仓库门口卸货；卖生猪的车辆消毒、晾干后停放在围墙外装猪台；引种车不要选用运送商品猪的车辆，运输前严格消毒，尤其是车厢、底盘、轮胎等隐蔽处。生产区所用的送料车和转猪车禁止离开生产区，转猪车使用后要进行彻底的冲洗、消毒。拉粪和废弃物的车沿污道运行，保持车厢密封，沿途不能撒漏粪尿和污物。

三、防控物品流

物流可分为引进物资流和内部物资流，引进物资流包括设备、物资、水、饲料等，内部物资流包括清洁用具、生产用具、粪污、胎衣和病死猪等。物流也是病原微生物传播的一个重要途径，控制好物流能有效地切断病原微生物的传播途径。

1.控制引进物资流

猪场所用设备（包括产床、限位栏、料槽等）原则上必须使用新的，不可使用二手设备，但如果因某种原因不得已使用二手设备，必须严格熏蒸消毒后进入生产区，且各个区设备不可交叉使用。禁止食用本场以外的猪肉，其他家禽或牲畜禁止在场内宰杀食用，食堂所用的蔬菜等在食用前须经高锰酸钾或洗洁精等洗涤消毒。

猪场可用自来水或深井水，水井最好建在猪场外且井深一般要求30米以上，不用场外的河塘水作饮用水和冲洗栏舍，定期检查水质。同时注意对水管的清洗，可有效地减少疾病的发生。生产区的雨水、污水管道要进行分流，雨水走明沟，污水走暗道。饲料必须进行检测，排除污染物，不用污染的饲料。饲料原料和配合饲料在加工调制、运输过程中，防止遭受动物及动物产品的污染；饲料中慎用或不用动物源性原料，如骨肉粉、血粉、血浆蛋白粉、肠膜蛋白粉等。

2.控制内部物资流

（1）清洁用具　与粪污接触的器具，包括扫把、拖把、铁铲、水管等，做到定点定位，用后清洗，有条件的可消毒处理，特别注意隔离舍的清洁用具严禁带入其他猪舍，用后进行浸泡消毒最佳。出猪台冲洗设备只在出猪台使用，严禁带回猪舍。

（2）生产用具　包括注射用具（注射器、止血钳、输液管等）、接产用具（剪刀、毛巾、麻布袋等）、采精和配种用具（采精杯、输精管、输精瓶等）等，多数直接与猪体接触，严禁未经消毒交叉使用，如注射用具用完后须清洗，蒸煮消毒后备用；接产用具使用完后需清洗，浸泡消毒后备用；采精和配种用具多是一次性用品，使用完后注意集中收集和销毁。

（3）污水、粪尿　须经发酵、沉淀后方可作为液体肥使用，或直接进入沼气池生产沼气，粪尿池和沼气池应设在围墙外的下风头。药品和食品包装袋、包装瓶、废弃或未使用的生物制品、生活垃圾要集中收集后销毁。胎衣、病死猪和扑杀猪以及被污染的垫料、剩料、粪尿、垃圾等，要挖坑并撒上消毒剂深埋或无害化处理。深埋或无害化处理要在隔离区下风向较远的地方。

四、防控人员流

猪场人员的管理主要分为本场人员和外来人员的管理，而本场人员又应注重场内人员和外出人员的管理。

1. 本场人员的管理

（1）饲养员或技术员应坚守自己的岗位，不允许随意串舍、串岗、串区，尤其是在疫病暴发期间，避免不同栏舍或不同类群的猪交叉感染。

（2）生产区和生活区人员最好住在各自区域，不可交叉住宿；吃饭时，大餐厅分2个小餐厅，生产区和生活区人员分点就餐。

（3）驻场兽医不准到场外出诊。

（4）配种员不准到其他猪场进行配种工作。

（5）参加转群、卖猪人员，在工作结束后，要进行更衣、洗澡，鞋子洗刷消毒。

2. 外出人员的管理

（1）猪场人员外出或休假时，不得到其他养殖场（户）串门，也不要到生猪交易市场、生猪屠宰场等地方走动，回场后必须经过48小时隔离，并经过洗澡、换衣、消毒后才准许进入生产区工作，严禁场内衣物与外界衣物混杂。

（2）及时了解周边动物疫情，对居住在疫病高度防控状态地区的工作人员，尽可能错开休假时间，避免外界疫病的传入。

（3）如遇紧急疫情，所有工作人员都必须服从安排，取消休假或进行必要的隔离封锁。

3. 外来人员的管理

原则上非本场人员是禁止进入猪场的，尤其是生产区，如必须进入时，需场长同意后经过消毒方可进入。目前，很多猪场对于外来人员进入前进行蒸汽消毒或紫外线消毒，看似严格消毒，其实只是杀灭衣物表面的细菌，消毒并不彻底，而紫外线对人体存在一定的伤害，因此进场前最有效的消毒方式为登记、淋浴、消毒、更衣、换鞋。进场后需严格遵守生产区内一切防疫管理制度，不得超出规定活动范围随意走动。运输饲料的司机进入生产辅助区后不准下车。外聘人员进入生产区，按程序严格隔离后才可进入。雇佣的抓猪人员在进入猪场和称量猪的体重前，鞋子等必须进行严格消毒，不要在自己场内提供设备供抓猪人清洗其鞋子和车辆，而必须另设指定的清洗处。

五、防控气流

空气是病原微生物传播的主要途径之一，而气流具有全球性，病原微生物随着空气的流动被迅速传播，如1个猪场暴发1种疫病，同一地区的其他猪场也发病；1个猪场内1栋猪舍发病，其他猪舍所有的猪群都可能被感染。因此，气流的控制主要从场址的选择和场区的分布2个方面考虑。

1.场址的选择

选择场址时首先考虑的是尽量避免外部环境外源性的病原微生物侵入。猪场应该选择地势高燥、平坦、背风向阳、排水通畅、水源干净充足、用电和交通方便的地方，同时不能选在国家或地方政府禁止养殖的区域内。

猪场建设应遵循以下原则。

① 距离公路主干道、铁路、机场、码头、城镇、村庄等至少1千米。

② 远离屠宰场、畜禽加工厂、农贸市场、垃圾场及污水处理厂等至少10千米。

③ 远离河流，同时禁止向河流排放粪尿及污水，避免环境过度污染及疾病的传播。

2.场区的分布

规模猪场一般应划分为4个功能区域，生活区、管理区、生产区和隔离区，区与区之间要严格分开。4个区域如何分布重点考虑场内病原微生物的水平传播。生活区应设在上风向，四周要用围墙或铁丝围与生产区隔开，以利防疫。管理区应建在生产区的上风向和生产区进出口的外面。生产区是猪场的主要部分，该区位于生活区的下风向和隔离区的上风向，并且整个生产区应修建2米高的围墙。各阶段猪舍由上风向到下风向依次排列为：配种舍—妊娠母猪舍—产房—保育舍—育成舍—育肥舍—出猪台，并实行隔离饲养。隔离区应设在整个生产区的下风向、地势较低处，并远离生产区至少100米。此区域应包括隔离猪舍、尸体剖检和处理设施、填埋井等。场区的最佳走向应以东西走向或向东南方向偏离15°角建造，这样才能保证夏季太阳不会直射舍内的猪只，冬季不会受西北风的侵袭。同时，场内道路应分设净道和污道，修成水泥地面。净道正对猪场大门，是人员行走和运输饲料的道路。污道靠猪场边墙，是出粪和处理病死猪的通道，由侧后门与场外相通。净道和污道应严格分开，避免相互交叉。

⋙⋙⋙ 第五节 ⋘⋘⋘

猪的主要病毒性疾病防控技术

一、亚洲猪瘟

猪瘟俗称"烂肠瘟"，是一种急性、热性和高度接触传染性的病毒性疾病。临床特征为发病急，持续高烧，精神高度沉郁，粪便干燥，有化脓性结膜炎，全身皮肤有许多小出血点，发病率和病死率极高。猪瘟流行很广，世界各国几乎均有发生，在我国也极为普遍，造成的经济损失极大。因此，世界动物卫生组织已将本病列入A类传染病，并为国际重要检疫对象。

1.病原简介

本病的主要病原体是黄病毒科瘟病毒属的猪瘟病毒（Hog cholera virus，HCV）。若病程较长，在病的后期常有猪沙门菌或猪巴氏杆菌等继发感染，使病症和病理变化复杂化。

HCV含有单股RNA，病毒粒子多为圆形，直径40～50纳米，具有脂蛋白囊膜，在胞浆中复制，通过芽生的方式成熟而释出。HCV虽然有不少的变异性毒株，但目前仍认为只有1个血清型，因此HCV只有毒力强弱之分。HCV野毒株的毒力差异很大，所致的病变和症状有明显的不同。强毒株可引起典型的猪瘟病变，发病率与死亡率高；中毒株一般是产生亚急性或慢性感染；而弱毒株只引起轻微的症状和病变，或不出现症状，给临床诊断造成一定的困难。应该强调指出，HCV有的毒力性状是不稳定的，通过猪体一代或多代后可使毒力增强。据认为，HCV与同属的牛病毒性腹泻病毒之间，在基因组序列方面有高度的同源性，抗原关系密切，既有血清学交叉反应，又有交叉保护作用。有报道称，猪感染牛病毒性腹泻病毒后可出现非典型猪瘟的症状。

HCV对外界环境的抵抗力随所处的环境不同而有较大的差异。HCV在没有污染的或加0.5%石炭酸防腐的血液中，于室温下可生存1个月以上；在普通冰箱放10个月仍有毒力；在冻肉中可生存几个月，甚至数年，并能抵抗盐渍和烟熏；在猪肉和猪肉制品中几个月后仍然有传染性。HCV对干燥、脂溶剂和常用的防腐消毒药的抵抗力不强，在粪便中于20℃可存活6周左右，4℃可存活6周以上；在乙醚、氯仿和去氧胆酸盐等脂溶剂中很快灭活；在2%氢氧化钠和3%来苏尔等溶液中也能迅速灭活。

2.流行病学

猪是本病唯一的自然宿主，不同年龄和品种的猪均可感染发病，而其他动物则有较强的抵抗力。病猪和带毒猪是最主要的传染源，易感猪与病猪的直接接触是病毒传播的主要方式。病毒可存在于病猪的各组织器官中。感染猪在出现症状前，即可从口、鼻及泪液的分泌物、尿和粪中排毒，并延续整个病程。易感猪采食了被病毒污染的饲料和饮水等，或吸入含病毒的飞沫和尘埃时，均可感染发病，所以病猪尸体处理不当，肉品卫生检查不彻底，运输、管理用具消毒不严格，执行防疫措施不认真，都是传播本病的因素。另外，耐过猪和潜伏期猪也带毒排毒，应注意隔离防范，但康复猪若有大量特异抗体存在则排毒停止。

本病的发生无明显的季节性，但以春、秋季较为严重，并有高度的传染性。猪群引进外表健康的感染猪是本病暴发的最常见的原因。一般是先有1头至数头猪发病，经1周左右，大批猪跟着发病。在新疫区常呈流行性发生，发病率和病死率极高，各种抗菌药物治疗无效。多数猪呈急性经过而死亡，3周后病情趋于稳定，病猪多呈亚急性或慢性经过，少数慢性病猪在1个月左右恢复或死亡，流行终止。

据报道，近年来猪瘟流行发生了变化，出现了非典型猪瘟和温和型猪瘟。它们以散发流行为特点。临床上病猪的症状轻微或不明显，死亡率低，病理变化不典型，必须依赖实验室诊断才能确诊。

3.临床症状

本病的潜伏期5～7天，短的2天，长的可达21天。根据病程长短、临床症状和特征的不同，常将本病分为最急性、急性、亚急性和慢性四型，但近年来又有温和型及迟发型猪瘟的报道。

最急性型发病突然，高热稽留，皮肤和黏膜发绀，有出血点，具一般急性败血病的特点。病猪多经1～8天死亡。

急性型最为常见，病程一般为9～19天。病猪突然体温持续升高至41℃左右。减食或停食，精神高度沉郁，常挤卧在一起，或

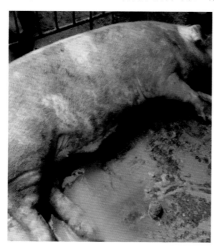

图6-1　猪体表皮肤发红

钻入草堆，恶寒怕冷。行动缓慢无力，背腰拱起，摇摆不稳或发抖。局部皮肤变红，眼结膜潮红，眼角有多量黏性或脓性分泌物，清晨可见两眼睑粘连，不能张开。耳四肢、腹下、会阴等处的皮肤有许多小出血点（图6-1）。公猪包皮内积有尿液，用手挤压时，流出混浊、恶臭的白色液体。粪便干硬，呈小球状，带有黏液或血液，后期腹泻。仔猪可出现磨

牙、运动障碍、痉挛和后躯麻痹等神经症状。本型后期常并发肺炎或坏死性肠炎。

亚急性型的病程一般为3～4周，症状与急性型相似，但较缓和，多见于流行的中后期或老疫区。病猪的主要表现为：体温先高后低，以后又升高，反复发生，直至死亡。口腔黏膜发炎，扁桃体肿胀常伴发溃疡，后者也见于舌、唇和齿龈，除耳部、四肢、腹下、会阴等处有出血点外，有些病例的皮肤上还常出现坏死和痘样疹。病猪往往先便秘，后腹泻，逐渐消瘦衰弱，并常伴发纤维素性肺炎和肠炎而最终死亡。

慢性型的病程1个月以上，病猪的主要表现为：消瘦，贫血，全身衰弱，喜卧地，行走缓慢无力，轻度发烧，便秘和腹泻交替出现，皮肤有紫斑或坏死。耐过本病的猪，生长发育明显减缓，一般均成为僵猪。

温和型猪瘟又称非典型猪瘟，近年常有报道，是由低毒力的毒株所引起。本型的特点是症状较轻，病情缓和，病理变化不典型，体温一般在40～41℃。皮肤很少有出血点，但有的病猪耳、尾、四肢末端皮肤有坏死。病猪后期行走不稳，后肢瘫痪，部分关节肿大。本病的发病率和病死率均较低，对幼猪可致死，大猪一般可以耐过。

迟发型一般被认为是先天性HCV感染的结果。当母猪在妊娠期感染弱毒株HCV时，既可导致流产、胎儿木乃伊化、畸形和死产，又可产出外表貌似正常而含有高水平病毒血症的仔猪。虽然仔猪在出生后的几个月表现正常，但随后则发生轻度的食欲不振、精神沉郁、结膜炎、皮炎、下痢和运动障碍。病猪的体温正常，大多数能存活6个月以上，但最终难免死亡。

4.病理变化

猪瘟的病理变化特点是最急性型和急性型多呈败血症变化，而亚急性型和慢性型则引起纤维素性肺炎和纤维素性肠炎的发生。病理剖检时，一般根据病变的特点不同而将之分为败血型、胸型、肠型和混合型猪瘟4种。对猪瘟具有诊断意义的病变特征是全身性出血、纤维素性肺炎和纤维素性坏死性肠炎的形成。猪瘟病毒主要损伤小血管内皮细胞，故引起各组织器官的出血。剖检时在皮肤、浆膜、黏膜淋巴结、肾、脾脏、膀胱和胆囊等处常见程度不同的出血变化。出血一般呈斑点状，有的点少而散在，有的则星罗棋布，其中以皮肤、肾脏、淋巴结和脾脏的出血最为常见且具有诊断意义。

皮肤的出血多见于颈部、腹部、腹股沟部和四肢内侧。出血最初是以小的淡红色充血开始，以后该区域的红色加深，呈现明显的斑点状出血。若病程经过较长，则出血斑点可相互融合成暗紫红色出血斑；有时在出血的基础上继发坏死，形成黑褐色干涸的小痂。

全身性出血性淋巴结炎的变化表现得非常突出，尤以颌下、腮、咽后、支气管、纵膈、肾门和肠系膜等淋巴结的病变不仅出现得早而且明显。眼观，淋巴结的体积肿大，呈暗红色，切面湿润多汁，隆突，边缘的髓质呈暗红色，围绕淋巴结中央的皮质并向皮质内伸展，以致出血的髓质与未出血的皮质镶嵌，形成大理石样花纹。此种变化对猪瘟的诊断具有一定意义。镜检，淋巴窦出血和淋巴小结萎缩及有不同程度的坏死。

肾脏稍肿大，色泽变淡，表面散布数量不等的点状出血，少者仅有2～3个，多则密布肾表面形似麻雀蛋外观，故有"雀蛋肾"之称（图6-2）。切面皮质或髓质都可以见到针尖大至粟粒大的出血点。肾锥体和肾盂黏膜也常散布多量出血点。镜检，主要病变是肾小管上皮变性、坏死，小管间有大量红细胞，呈局灶性出血性变化；肾小球毛细血管的通透性增大，大量浆液和纤维蛋白及少量红细胞外渗充满肾小囊，引起渗出性急性肾小球肾炎变化；或肾小球的毛细血管极度瘀血肿大，充满肾小囊，大量红细胞和纤维蛋白渗入肾小囊，形成急性出血性肾小体肾炎（免疫复合物沉

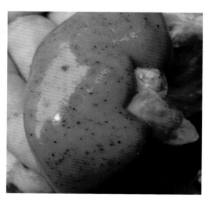

图6-2　肾表面点状出血

积在毛细血管基膜而引起）变化；脾脏通常不肿大或轻度肿胀，有35%～40%病例在脾脏的边缘见有数量不等、粟粒大至黄豆或蚕豆大暗红色不正圆形的出血性梗死灶。这是猪瘟的特征性病变。镜检，梗死灶的发生是由于脾小动脉变性、坏死，使管腔内血栓形成导致闭锁所致。梗死的脾组织坏死，固有结构破坏，渗出的纤维蛋白、红细胞与坏死的组织混杂在一起，形成梗死灶。

此外，各黏膜、浆膜和器官的出血也很明显，包括消化道、呼吸道及泌尿生殖系统的黏膜和心包膜、胸膜和腹膜等；而膀胱、输尿管及肾盂等黏膜和喉头部的出血性病变，在其他传染病所致的败血病是比较少见的。消化道除常见点状或弥漫性出血外，还常有局灶性溃疡、坏死或卡他性炎症等病变。中枢神经系统也有出血变化，主要在软脑膜下，有时也见于脑实质。在多数情况下脑的眼观变化虽然不太明显，但是显微镜检查时竟有75%～84%的病例呈现弥漫性非化脓性脑炎变化。

纤维素性肺炎是胸型猪瘟的病变特点，多半是由败血症发展而来，是机体抵抗力减弱继发呼吸道内的猪巴氏杆菌大量繁殖所致。因此，本型猪瘟除具有败血型的病变特点之外，还有典型的出血性纤维素性胸膜肺炎及纤维素性心包炎等巴氏杆菌病病变。纤维素性坏死性肠炎是肠型猪瘟的病变特点，多见于慢性猪瘟，是继发沙门菌感染的结果。

其病变特点是在回肠末端及盲肠，特别是回盲口可见到一个一个的轮层状病灶，俗称"扣状肿"。病变的大小不等，自黄豆大到鸽卵大或更大，呈褐色或污绿色，一般为圆形或椭圆形，坏死脱落后可形成溃疡。病情好转时溃疡可被机化而变为瘢痕组织；反之，病情恶化时坏死性肠炎不仅向周围迅速扩散形成弥漫性纤维素性坏死性肠炎的变化，而且还向深部发展，累及肌层直达浆膜下层，引起局部性腹膜炎。

5.防治措施

（1）治疗　目前尚无有效的治疗药物，对一些经济价值较高的种猪，可用高免血清治疗，但因高免血清价格高，很不经济，因此，不能在临床上全面使用。目前，临床上多采用对症治疗和控制继发性感染，抗生素、磺胺药和解热药联合使用，如青霉素80万单位，复方氨基比林10毫升，肌内注射，每天2次，连用3天；或用磺胺嘧啶钠10毫升，肌内注射，每天2次，连用3天。在临床实践中，有人用中西药结合的方法或用中成药加减的方法，治疗不同时期、不同病症的病猪，取得了较好的疗效，现介绍如下。

① 中西药综合疗法。牛黄解毒丸5粒，病毒灵10片，土霉素4片，人工盐40克，甘草流浸膏40毫升，一次灌服，每天早、晚各一次，连用2～3天，有良效。

② 大承气汤加味疗法。主要用于恶寒发热，大便干燥，粪便秘结的病猪。处方：大黄15克、厚朴20克、枳实15克、芒硝25克、玄参10克、麦冬15克、金银花15克、连翘20克、石膏50克，水煎去渣，早、晚各灌服一剂。此药量为10千克重的猪所用药量，大小不同的猪可酌情增减。

③ 加减黄连解毒汤疗法。多用于粪便稀软或出现明显腹泻症状的病猪。处方：黄连5克、黄柏10克、黄芩15克、金银花15克、连翘15克、白扁豆15克、木香10克，水煎去渣，早、晚各灌服一剂。以上药量为10千克重的猪所用药量，大小不同的猪可酌情增减。

④ 仙人掌疗法。此方为民间对猪有明显效果的疗法。调配方法为：取仙人掌5片，去皮，捣成泥状备用；挖取蚯蚓20～30条，放入盛有白砂糖200克的容器中；然后倒入仙人掌泥拌和，再拌入麸皮或糖少许。每天早、晚各喂一次，2～3天则有明显好转或治愈。

（2）预防　目前主要采取以预防接种为主的综合性防疫措施来控制猪瘟。

平时的预防措施着重于提高猪群的免疫水平，防止引入病猪，切断传播途径，广泛持久地开展猪瘟疫苗的预防注射，疫苗接种应制定行之有效的免疫程序，即在猪群免疫之前，应对猪群进行抗体水平检测。据研究，母源抗体的滴度为1∶（32～64），此时攻毒可获得100%的保护；当抗体滴度下降到1∶（16～32）时，尚能获得80%的保护；当滴度下降到1：8时，则完全不能保护。因此，依照各地区和猪群的不同抗体水平，制定出相应的免疫程序才能有的放矢地获得成功。

据报道，仔猪出生后立即接种兔化弱毒疫苗，2小时后再令其吃初乳，这种乳前免疫方法可获得很高的保护率。

紧急预防是突发性猪瘟流行时的防制措施，实施步骤如下。

① 封锁疫点。在封锁地点内停止生猪集市买卖和外运，停止猪产品的买卖和外运，猪群不准放牧。最后1头病猪死亡后或处理后3周，经彻底消毒，可以解除封锁。

② 处理病猪。对所有猪进行测温和临床检查，病猪以急宰为宜，急宰病猪的血液、内脏和污物等应就地深埋，肉经煮熟后可以食用。污染的场地、用具和工作人员都应严格消毒，防止病毒扩散。可疑病猪予以隔离。

③ 紧急接种。对疫区内的假定健康猪和受威胁区的猪，立即注射猪瘟兔化弱毒疫苗，剂量可加大1～3倍，但注射针头应一猪一消毒，以防人为传播。

④ 彻底消毒。对病猪圈、垫草、粪水、吃剩的饲料和用具均应彻底消毒，最好将病猪圈的表土铲出，换上一层新土。在猪瘟流行期间，对饲养用具应每隔2～3天消毒1次，碱性消毒药均有良好的消毒效果。

二、猪蓝耳病

猪蓝耳病即猪繁殖与呼吸综合征、神秘猪病和母猪后期流产等，是新近发现的由病毒引起的一种繁殖障碍和呼吸道发炎的传染病；在临床上以妊娠母猪流产、产出死胎、弱胎、木乃伊胎以及仔猪的呼吸困难和死亡率较高为特征；病理学上以局灶性间质性肺炎为特点。本病现已成为美国、英国、荷兰、德国和加拿大等欧美国家的一种地方流行性传染病，给许多国家造成巨大的经济损失，对世界养猪业构成严重的威胁。我国已有本病的发生，故应引起高度重视。

1.病原简介

本病的病原为动脉炎病毒科、动脉炎病毒属的猪繁殖与呼吸综合征病毒，又称莱利斯塔病毒。病毒粒子呈卵圆形，直径为50～65纳米，有囊膜，20面体对称，为单股RNA病毒。现已证明，欧洲和美国分离的毒株虽然在形态和理化性状上相似，但用单克隆抗体进行血清学试验和进行核苷酸和氨基酸序列分析时，发现它们存在明显的不同。因此，将猪繁殖与呼吸综合征病毒分为A、B两个亚群：A亚群为欧洲原型；B亚群为美国原型。本病毒对寒冷具有较强的抵抗力，但对高温和化学药品的抵抗力较弱。例如，病毒在–70℃可保存18个月，4℃保存1个月；37℃48小时、56℃45分钟则完全丧失感染力；对乙醚和氯仿敏感。

2.流行病学

本病只感染猪，不同年龄、品种和性别的猪均易感，但母猪和仔猪最易感，仔猪的死亡率可高达80%～100%，育肥猪发病则温和。感染母猪能大量排毒，如鼻分泌物、粪便、尿液中均含有病毒；耐过猪也可长期带毒而不断向体外排毒。本病多经接触传播，呼吸道是其感染的主要途径。因此，本病传播迅速，当健猪与病猪接触时，如同圈饲养、频繁调运等均易导致本病的发生与流行。

另外，本病也可通过垂直传播或交配感染。研究证明，公猪感染后3～27天和43天所采集的精液中均能分离出病毒，7～14天可从血液中检出病毒。用含有病毒的精液感染母猪，可引起母猪发病，在21天后可检出猪繁殖与呼吸综合征病毒抗体。妊娠中后期的母猪和胎儿对猪繁殖与呼吸综合征病毒的易感性最高。

3.临床症状

本病的临床表现不尽相同。自然感染的潜伏期一般平均为14天；人工感染的则短，一般为4～7天。感染仔猪以2～18日龄的症状最明显，死亡率常达80%。早产仔猪在出生的当时或几天内死亡，大多数初生仔猪表现呼吸困难、肌肉震颤、后肢麻痹、打喷嚏、嗜睡；有的仔猪耳朵发紫（图6-3），躯体下部皮肤和四肢末端发绀。母猪发病时精神不振，食欲锐减或不食，发热；妊娠后期则发生流产、早产，产出死胎、弱胎或木乃伊胎；有些母猪的耳朵发紫，躯干下部皮肤有瘀血现象；少数母猪出现肢体麻痹性神经症状。种公猪发病后主要出现咳嗽、打喷嚏、呼吸困难，

图6-3　病猪耳朵发红、发绀

严重时可出现喘气；精神不振，食欲减退，不愿运动，性欲减弱等症状。交配时，其精液质量下降，射精减少，配种的成功率明显降低。育肥猪感染时，有时出现轻度的结膜炎、肺炎和腹泻等症状。

4.病理变化

病毒经呼吸道侵入肺脏后，虽然被巨噬细胞吞噬，但并不被杀灭，而是在其中增生、繁殖，导致部分巨噬细胞被破坏、吞噬能力降低或丧失；随后病毒可随巨噬细胞侵入血液而侵害其他组织和器官。由于该病毒对巨噬细胞有破坏作用，可降低机体的抵抗力，故常常引起各种不同形式的继发性感染。

剖检死于本病的仔猪，病初可见其耳尖、四肢末端、尾巴、乳头和阴户等部的皮肤呈蓝紫色；病程稍长者，可见整个耳朵、颌下、四肢及胸腹下均呈现紫色，耳壳等部的表皮有水疱、破溃或结痂，头部水肿，胸腔和腹腔有积水。本病的特征性病变发生于肺脏，主要以间质性肺炎为特点。眼观，肺脏膨胀，表面有大小不等的点状出血（图6-4），尖叶和心叶部有灶状肺泡性肺气肿并见瘀斑，肋膈面间质增宽、水肿，有红褐色瘀斑和实变区。肺切面上见血管断端有凝固不全的血液，支气管断端有少量含泡沫的液体。镜检，肺组织以多中心性间质性肺炎为特点。病初，炎灶内浸润多量巨噬细胞和小淋巴细胞，肺泡上皮和受累的支气管上皮脱落，肺泡膈的增生变化较轻，形成卡他性肺炎的变化；很快，肺泡膈中的结

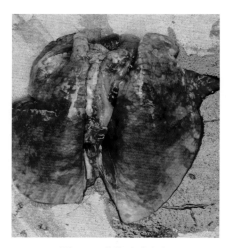

缔组织明显增生，淋巴细胞浸润，肺泡膈增厚，肺泡腔变小或消失，被增生的结缔组织所取代，形成典型的间质性肺炎变化其他器官的病变，除了一些非特异性变化外，还有两个特点：一个是小血管通透性增大或发生纤维素性坏死而引起的水肿；另一个是与继发性感染的有关病变，如继发霍乱沙门菌感染时，可见有纤维素性坏死性肠炎；继发多杀性巴

图6-4　病猪肺脏出血

氏杆菌时，则肺脏病变加重，常伴发有纤维素性肺炎病变；继发链球菌或伪狂犬病时，还出现化脓性脑脊髓膜炎或非化脓性脑炎等变化。

5.防控措施

本病目前尚无特效药物进行治疗，主要采取综合性的对症疗法。预防本病的主要措施是清除传染来源，切断传播途径，对有病或带毒母猪应淘汰；对感染而康复的仔猪，应专圈饲养，育肥出栏后圈舍及用具彻底消毒，间隔1～2个月再使用；对已感染本病的种公猪应坚决淘汰。猪舍应通风良好，经常喷雾消毒，防止本病通过空气传播。

据研究，感染本病而康复的猪，可产生良好的免疫效果，能抵抗病毒的再感染。因此，在本病流行的地区，应用疫苗来预防本病。目前国外已研制出弱毒苗和灭活苗两种类型的疫苗。一般认为弱毒苗的免疫效果较好，而灭活苗则更为安全。对猪只进行免疫的方法是：仔猪在母源抗体消失之前进行第一次免疫，母源抗体消失后进行第二次免疫；母猪应在配种前2个月进行第一次免疫，间隔1个月后进行第二次免疫。

三、猪圆环病毒病

20世纪90年代，世界范围内人们在病猪及一些无明显临床症状的猪体内检测到了一种新型猪小环状样病毒。该病毒与已知的由PK-15细胞培养污染而分离的PCV不同。有人建议将原来的PCV命名为圆环病毒1型（PCV1），将新出现的与临床疾病相关的PCV命名为PCV2。

PCV2感染后会出现断奶仔猪多系统消耗综合征（PMWS）、猪皮炎肾病综合征（PDNS）、猪呼吸系统混合疾病、繁殖障碍症。现"猪圆环病毒病"（PCVD）的含义是指群体病或是与PCV2相关的疾病。PCVD中，仅PMWS对养猪业会造成严重的影响，在欧洲每年可造成养猪业约6亿欧元的损失。

1.病原简介

PCV2属圆环病毒科圆环病毒属，为环状、单股DNA病毒，含1767～1768个核苷酸。世界范围内PCV2病毒的分析结果显示，这些病毒的抗原决定簇核苷酸序列的同源性高达93%以上。

对于PCV2的生物学特性和理化特性所知甚少，但已知PCV1在CsCl中的浮力密度为1.37克/毫升，可使部分动物红细胞凝集，耐酸，在pH为3的环境下仍可存活，耐氯仿，70℃环境中仍可存活15分钟。PCV2的生物学特性和理化特性可能与PCV1相似。将PCV2与系列市售消毒剂（如洗必泰、福尔马林、碘酒和酒精）室温下作用10分钟，病毒滴度会下降。

2.流行病学

PCV2在自然界广泛存在，家猪和野猪是自然宿主。除猪外其他动物对PCV2不易感。口鼻接触是PCV2的主要自然传播途径。经鼻内接种妊娠母猪或人工授精感染的方式尝试使胎儿感染PCV2，结果感染效果不确切。

PMWS是由多种原因引起的疫病，PCV2感染PMWS的机制还与这些临床原因分不开。去势后的公猪较母猪易感PMWS。

一般暴发PMWS的猪场还会有其他感染和疫病存在，农民的现场观察及一些兽医工作者已证实一定遗传品系的猪群，特别是某些公猪品系，似乎更易感PMWS。

3.临床症状

（1）断奶仔猪多系统消耗综合征（PMWS） PMWS较易侵袭2～4月龄猪，发病率一般为4%～30%（有时达50%～60%），死亡率为4%～20%。PMWS的临床特征为消瘦，皮肤苍白，呼吸困难，有时腹泻、黄疸。

（2）猪皮炎肾病综合征（PDNS） 一般易侵袭仔猪、育成猪和成年猪。发病率小于1%，然而也有高发病率的报道。大于3月龄的猪死亡率将近100%，年轻感染猪死亡率将近50%。严重感染的患病猪在临床症状出现后几天内就全部死亡。感染后耐过猪一般会在综合征开始后的7～10天恢复，并开始增重。PDNS猪一般呈现食欲减退、精神不振，轻度发热或不呈现发热症状。喜卧、不愿走动，步态僵硬。最显著症状为皮肤出现不规则的红紫斑及丘疹（图6-5），主要集中在后肢及会阴区域，有时也会在其他部位出现。随着病程延长，病变区域会被黑色结痂覆盖。这些病变区域逐渐褪去，偶尔留下疤痕。显微镜观察，可见红斑及丘疹区域呈现与坏死性脉管炎相关的坏死及出血现象。

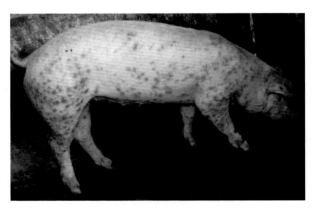

图6-5 病猪体表有红紫色丘疹

4.病理变化

（1）断奶仔猪多系统消耗综合征（PMWS） 疾病早期常常出现皮下淋巴结肿大，PMWS的病变主要集中在淋巴组织，疾病早期淋巴结肿大是主要的病理特征。但在PMWS疾病更早期，淋巴结常呈正常大小或萎缩，胸腺也常常发生萎缩。

PMWS感染猪的淋巴组织，病理学变化特征主要表现为淋巴细胞减少，大量组织细胞及多核巨细胞浸润。胸腺皮质萎缩也是主要特征。组织细胞及树突状细胞内可看到胞内病毒包涵体。肺有时扩张，很少出现萎缩，外观呈"橡皮肺"（图6-6）。显微镜下可见间质性肺炎的病理变化，支气管周围纤维化及纤维素性支气管炎常常发生在疾病早期。

图6-6 剖检肺脏病变为"橡皮肺"

在一些PMWS病例中，肝肿大或萎缩，颜色发白，坚硬，表面有颗粒状物质覆盖，显微镜下可见大面积细胞病变及炎症。疾病后期可见无明显特征的黄疸些猪肾皮质表面会出现白点（非化脓性间质性肾炎），许多组织中可见到局灶性淋巴组织细胞浸润。

（2）猪皮炎肾病综合征（PDNS） 全身特征性症状表现为坏死性脉管炎。死于PDNS的猪病理变化一般表现为双侧肾肿大，皮质表面细颗粒状，皮质红色点状坏死，肾盂水肿。这些病变与纤维素性肾小球炎类似，而与非化脓性间质性肾炎不同。病程稍长的猪会呈现慢性肾小球肾炎的症状。一般PDNS发病猪皮肤及肾脏都会呈现病理变化，但有时仅会出现单一的皮肤或肾脏的病变。有时淋巴结肿大或发红，脾脏会出现梗死。显微镜下观察，PDNS猪淋巴结的病变与PMWS淋巴结病变相似繁殖障碍性疾病PCV2与后期流产及死胎相关。然而，与PCV2相关的繁殖系统疾病的田间病例很少。这与成年猪PCV2的血清阳性率较高，大多数饲养的猪群对临床疾病并不易感有关。PCV2相关的繁殖系统疾病中，死胎或中途死亡的新生仔猪一般呈现慢性、被动性肝充血及心脏肥大，多个区域呈现心肌变色等病变。显微镜下对应的病理变化主要表现为纤维素性或坏死性心肌炎。

5.防控措施

一般认为PMWS是多种因素引起的疾病，除PCV2感染外，饲养环境被认为是诱因。病毒和细菌混合感染也是引起PMWS的重要原因。因此，PMWS的控制措施应该集中于消灭这些诱因和原因。

一系列管理措施的列举，降低了该病的危害，同时大大减少了发病农场的动物死亡带来的损失。同样，控制断奶仔猪阶段并发的细菌和病毒感染也会降低PMWS发生率。

一些实验和田间的研究结果证实，免疫激活在引发PMWS疾病中可能是一个重要因素。实际生产管理中，必须进行卫生防疫，因为与在一定猪群中引入较低比例PMWS感染猪的风险相比，停止使用有效疫苗的风险要大得多。因此，PMWS感染猪群的饲养者应确定PCV2感染的大概时间，以便重新调整免疫程序达到降低该病发生的最终目的。

有报道认为，产仔母猪感染PCV2或血清中存在低滴度的PCV2病毒会增加其子代全群PMWS的死亡率。尽管这些结果与后期的研究不是很相符，但增加母源抗体及降低产仔母猪体内血液中的病毒滴度会降低猪群子代PMWS的死亡率。

据报道，在一些农场改善猪群的饮食会对控制PMWS有些作用。尽管这些结果还未被证实，但最近的研究发现，饲料中添加亚油酸会改善PCV2感染状况。饲料中添加维生素E及硒会对那些PMWS危害的农场有利。

在一些国家，用于母猪及后备母猪的PCV2佐剂灭活疫苗在特定许可下已商业化出售。前些研究中已提到疫苗可以降低PMWS危害农场的疫病发生率，但大面积推广时其有效性还待评价。实验性PCV2疫苗，包括灭活疫苗、重组疫苗、DNA疫苗及嵌合感染性

DNA克隆，当动物经PCV2攻毒后，基于生长率和直肠温度的评估表明，这些疫苗都显示出了显著的保护性。据报道，在一些猪场哺乳仔猪或保育猪皮下注射成年猪的血清（血清疗法）可以成功降低PMWS的死亡率。然而，该方法疗效还不确切，有时甚至会起到相反的作用。必须注意血清疗法带来的健康及生物安全问题。

四、猪伪狂犬病

伪狂犬病又称阿氏病，是由伪狂犬病病毒引起的家畜和野生动物的一种急性传染病。其在临床上以中枢神经系统障碍为主症，常于局部皮肤呈现持续性的剧烈瘙痒，但猪感染本病却无明显的皮肤瘙痒现象。感染本病的猪，由于年龄不同，其临床症状也有所差异。哺乳仔猪出现发热、神经症状，病死率甚高；成年猪呈隐性感染；妊娠母猪发生流产。近年来，猪的感染率和发病率有扩大蔓延的趋势，应引起重视。

1.病原简介

本病的病原体是疱疹病毒科疱疹病毒亚科的伪狂犬病病毒，常存在于脑脊髓组织中。感染猪在发热期，其鼻液、唾液、奶、阴道等分泌物以及血液、实质器官中都含有病毒。该病毒粒子呈圆形，含双股DNA，大小为100～150纳米，具有脂蛋白囊膜与纤突。据报道，伪狂犬病病毒只有一个血清型，但各毒株之间存在差异。病毒能在一些细胞中产生核内包涵体。本病毒对外界环境的抵抗力很强，在污染的猪圈或干草上能存活1个多月；在肉中能存活5周以上；腐败11天、腌渍20天才能将之杀死。但病毒对化学药品的抵抗力较小，一般的消毒药均有效，如2%烧碱液和3%来苏尔均能很快杀死病毒。

2.流行病学

对伪狂犬病病毒有易感性的动物甚多，有家畜、家禽和野生动物等，其中以哺乳仔猪的发病最多，且病死率极高，成年猪多隐性感染。据研究，病猪和隐性感染猪可较长期地保毒排毒，是本病的主要传染源，其他动物感染本病也与接触猪或鼠有关。因此，猪与鼠也是本病毒的主要宿主。

本病的传播途径较多，经消化道、呼吸道、损伤的皮肤以及生殖道均可感染。仔猪常因吃了感染母猪的奶而发病，妊娠母猪感染本病后，病毒可经胎盘而使胎儿感染，以致引起流产和死产。

本病一般呈地方流行性发生，多发生于冬、春两季。

3.临床症状

本病的潜伏期一般为3～6天，短者36小时，长者可达10天。感染猪的临床症状随着年龄不同有很大的差异，但都无明显的局部瘙痒现象。一般而言，2周龄以内的哺乳仔猪的病情最重，症状最明显，多以中枢神经系统发生障碍为主症。病猪的主要表现为体温升高，呼吸困难，流涎，呕吐，下痢，食欲不振，精神沉郁，肌肉震颤，步态不稳，四肢运动不协调，眼球震颤，间歇性痉挛，后躯麻痹，有前进或后退或转圈等强迫性运动，常伴有癫痫样发作及昏睡等现象，神经症状出现后1～2天内死亡，病死率可达100%（图6-7）。

图6-7　猪伪狂犬病死猪

3～4周龄猪感染后，其病程略长，神经症状均较轻，死亡率可达40%～60%。病猪除一般临床症状外，还常见眼结膜潮红，角膜混浊，眼睑水肿，甚至两眼呈闭合状；鼻端、口腔和腭部常见大小不一的水疱、溃疡和结痂；有的仔猪虽然可以康复，但可能有永久性后遗症，如瞎眼和发育障碍等。

2月龄以上的猪多呈隐性感染，较常见的症状为微热、倦怠、精神沉郁、便秘、食欲不振，数日即恢复正常，甚少见到神经症状。

妊娠母猪于受胎后60天以上感染时，除有咳嗽、发热和精神不振等一般症状外，常出现流产产出死胎和木乃伊胎等（图6-8）。流产、死产的胎儿大小相差不显著，无畸形胎，死产胎儿有不同程度的软化现象，甚至娩出的胎儿全部木乃伊化。母猪于妊娠的末期感染

图6-8　猪伪狂犬病死胎

时，可有弱仔产出，但往往因其活力差，于产后不久即出现典型的神经症状，最终导致死亡。此外，曾在病猪场发现，犬因偷吃病尸而出现口吐白沫、眼睛红肿和全身瘙痒等典型的伪狂犬病症状；与病猪同场饲养的犊牛，其皮肤红肿，剧烈瘙痒。

4.病理变化

临床上呈现严重神经症状的病猪，死后常见明显的脑膜充血及脑脊髓液增加，脑灰质及白质有小点状出血。鼻腔黏膜有卡他性或化脓性出血性炎症，上呼吸道内含有大量泡沫样水肿液。如病程稍长，可见咽和喉头水肿，在后鼻孔和咽喉黏膜面有纤维素样渗出物。鼻咽部充血，扁桃体、咽喉部淋巴结有坏死灶；肝、脾和肺中可能有1～2毫米渐进性灰白色小病灶；胃肠多瘀血，呈暗红色，浆膜面可见大量出血点和灰白色小病灶；肾脏肿大，表面常见大量点状出血和灰白色坏死灶。流产胎儿大多新鲜，脑及臀部皮肤有出血点，胸腔、腹腔及心囊腔有多量棕褐色潴留液，肾及心肌出血，肝、脾有灰白色坏死点。镜检，中枢脑组织有非化脓性脑炎变化，在一些神经细胞、胶质细胞、鼻咽黏膜的上皮细胞、脾及淋巴结的网状细胞内可检出嗜酸性核内包涵体。另外，在有坏死灶的扁桃体中于其隐窝上皮细胞核内也常可检出大量嗜酸性核内包涵体。应该强调指出：伪狂犬病的包涵体一般为无定形、均质的凝块，不规则

而轻度嗜酸性，以明晕或泡状晕与核膜分离。因此，需仔细观察予以鉴别。

5.防控措施

本病目前尚无有效的治疗药物，紧急情况下，在病猪出现神经症状之前，注射高免血清或病愈猪血液，有一定疗效，可降低死亡率，但是耐过猪长期携带病毒，应注意隔离饲养。

现在，猪被公认为是伪狂犬病病毒的重要宿主之一，因此，经常性防范本病是非常必要的。常规预防主要包括严格检疫、建无毒猪群和定期消毒等内容。

（1）严格检疫　应对猪群进行血清中和试验，检出阳性猪进行隔离，以便淘汰。这种检疫应间隔3～4周反复进行，直到两次试验全部是阴性为止。

（2）建无毒猪群　培育无毒猪群的常用方法是：仔猪断乳后应尽快将之分离饲养，到16周龄后进行血清学检查（因此时母源抗体通常消失），所有检出的阳性猪全部淘汰，把检测的阴性猪集中饲养，每隔两周后再反复检疫两次，如仍为阴性时，则可视为无毒猪群。

（3）定期消毒　每周对猪舍地面、墙壁、设施及用具等进行定期消毒1次，粪尿堆放发酵或用化学药品消毒，也是预防本病的重要措施。此外，猪场要加强灭鼠工作，因为鼠也是本病毒的重要宿主。

对发生本病的猪场，应做净化猪群、扑杀病猪和预防接种等工作。

① 净化猪群　根据种猪场的条件可分别采取三种净化措施：第一，全群淘汰更新。适用于高度污染的种猪场，种猪血统并不太昂贵者，猪舍的设备不允许采用其他方法清除本病者。第二，只淘汰阳性反应猪。每隔30天以血清学试验检查1次，连续检查4次以上，直至淘汰完阳性反应猪为止。第三，隔离饲养阳性反应母猪所生的后裔。为保全优良血统，阳性反应母猪的后裔于3～4周龄后，分别按窝隔离饲养，至16周龄时，以血清学试验测其抗体，借以淘汰阳性反应猪。

②扑杀病猪和预防接种　为了减少经济损失，除发病乳猪、仔猪予以扑杀外，其余仔猪和母猪一律注射伪狂犬病弱毒疫苗（K61弱毒株）进行紧急预防接种。其方法是：乳猪第一次注射0.5毫升，断奶后再注射1毫升；3月龄以上的中猪注射1毫升；成年猪及妊娠母猪（产前1个月）注射2毫升。

五、猪口蹄疫

口蹄疫是猪、牛、羊等偶蹄动物的一种急性、热性和接触性传染的疾病，人也可感染，所以又是一种人畜共患病。它在临床上以口腔黏膜、蹄部及乳房皮肤发生水疱和烂斑为特征。本病在世界各地均有发生，且目前仍在非洲、亚洲和南美洲很多国家流行。由于本病有强烈的传染性，一旦发生，其传播的速度很快，常常形成大流行，不易控制和消灭，造成巨大的经济损失，所以世界动物卫生组织一直将本病列为发病必须报告的A类动物疫病名单之首。

1.病原简介

口蹄疫的病原体是小核糖核酸病毒科的口蹄疫病毒（Food-and-mouth disease virus，FMDV）。该病毒的粒子呈圆形或六角形，由60个结构单位构成20面体，直径为23～25纳米，病毒由中央的RNA核心和周围的蛋白壳体所组成，无囊膜。成熟的病毒粒子约含30%RNA，其余70%为蛋白质。据认为，病毒的RNA决定其感染和遗传性，而蛋白质则主导其抗原性、免疫性和血清学反应的特点。

FMDV具有多型性、易变异的特点。根据其血清学特性，可将之分为7个主型，即甲型、乙型、丙型、南非1型、南非2型、南非3型和亚洲1型，其中以甲型和乙型分布最广，危害最大的单纯性猪口蹄疫是由乙型病毒所引起的。每一型内又有亚型，亚型内又有众多抗原差异显著的毒株。

1977年世界口蹄疫中心公布有7个型和65个亚型，每年还会有新的亚型出现。各型之间在临诊表现方面没有什么不同，但彼此均无交叉免疫反应。在同型中，各亚型之间交叉免疫程度变化幅度也较大，亚型内各毒株之间也有明显的抗原差异。病毒的这种特性，给本病的检疫和防疫带来很大的困难。

口蹄疫病毒对外界环境的抵抗力很强，不怕干燥，在自然条件下，含病毒的组织与污染的饲料、饲草、皮毛及土壤等可保持传染性达数周至数月之久。粪便中的病毒，在温暖的季节可存活29～33天，在冻结条件下可以越冬，但高温和直射阳光对病毒有杀灭作用。病毒对酸碱十分敏感，易被酸性和碱性消毒药杀死。因此，2%～4%氢氧化钠、3%～5%甲醛溶液、0.2%～0.5%过氧乙酸、5%次氯酸钠和5%氨水等均为FMDV良好的消毒剂。食盐对病毒无杀灭作用。

在肉品中于10～12℃经24小时，或在4～8℃经24～48小时，由于产生乳酸使pH下降到5.3～5.7时，则杀灭其中的病毒，但骨髓和淋巴结不易产酸，故位于其内的病毒常不被杀灭，成为废弃物中很危险的传染来源。鲜牛奶中的病毒在37℃时可存活12小时，但在酸奶中的病毒则迅速杀灭。

2.流行病学

口蹄疫病毒可侵害多种动物，但主要是偶蹄兽。家畜中以牛最易感，其次是猪和羊。各年龄的猪均有易感性，但对仔猪的危害最大，常常引起死亡。病畜是最危险的传染源。由于本病对牛的敏感性最高，可在绵羊群中长期存在，而猪的排毒量远远大于牛和绵羊，故有牛是本病的"指示器"，绵羊为"贮存器"，猪为"放大器"之说。病猪在发热期，其粪尿、奶、眼泪、唾液和呼出的气体均含病毒，以后病毒主要存在于水疱皮和水疱液中，通过直接接触和间接接触，病毒进入易感猪的呼吸道、消化道和损伤的皮肤黏膜，均可感染发病。最危险的传播媒介是病猪肉及其制品，还有泔水，其次是被病毒污染的饲养管理用具和运输工具。近年来证明，空气也是口蹄疫的重要的传播媒介。病毒能随风传播到10～60千米以外的地方，如大气稳定、气温低、湿度高、病毒毒力强时，本病常可发生远距离气源性传播。病愈动物的带毒期长短不一，一般不超过2～3个月。据报道，猪不能长期带毒，隐性带毒者主要为牛、羊及野生动物。口蹄疫流行猛烈，在较短时间内，可使全群猪发病，继而扩散到周围地区，发病致死率不到5%。若由一般口蹄疫病毒引起的猪口蹄疫，往往牛先发病，而后才有羊、猪感染发病。

本病的发生虽无严格的季节性，但其流行却有明显的季节性规律。一般多流行于冬季和春季，至夏季往往自然平息。但在大群饲养的猪舍，本病并无明显的季节性。

3.临床症状

本病的潜伏期为1～2天。病猪以蹄部水疱为主要特征。病初体温升高至40～41℃，精神不振，食欲减退或不食，蹄冠、趾间、蹄踵出现发红、微热、敏感等症状，不久蹄冠部出现小水疱、出血和龟裂或形成黄豆大、蚕豆大的水疱，水疱破裂后形成出血性糜烂和溃疡，1周左右恢复。蹄部发生水疱时，病猪常因疼痛而运动困难或卧地不起，站立时病肢屈曲减负体重。若有细菌感染，则局部化脓坏死可引起蹄壳脱落，患肢不能着地，常卧地不起。部分病猪的口腔黏膜（包括舌、唇、齿龈、咽、腭）、鼻盘和哺乳母猪的乳头，也可见到水疱和烂斑（图6-9）。病程长时，蹄冠病变逐渐恢复，该部缺少被毛和色素。吃奶仔猪患口蹄疫时，一般很少见到水疱和烂斑，通常由急性胃肠炎和心肌炎而导致突然死亡，病死率可高达60%～80%。病程较长者，亦可在口腔及鼻面上见到小水疱和糜烂。

图6-9　鼻盘有水疱和烂斑

4.病理变化

猪的口蹄疫根据病变的特点不同而有良性与恶性之分。

（1）良性口蹄疫　本型的特点是病猪的死亡率低，在皮肤型黏膜和皮肤上发生水疱、烂斑等口蹄疮病变，败血病变化不明显。猪的口蹄疮多见于蹄部，如蹄冠、蹄踵和蹄叉等处；其次是口鼻端，如唇内面、齿龈、颊部、舌面、硬腭、鼻腔外口和鼻镜等部。无毛部的皮肤以乳腺部多见。

猪的口蹄疮通常较小，一般为米粒大到蚕豆大。水疱内的液体开始时呈淡黄色透明，如混有红细胞则呈红色，若水疱液内含有白细胞则变为混浊而呈灰白色。水疱破裂后，通常形成鲜红色或暗红色烂斑；有的烂斑被覆一层淡黄色渗出物，渗出物干燥后形成黄褐色痂皮；当水疱破溃后如果继发细菌感染，则病变向深层组织发展，形成溃疡；特别是蹄部发生细菌感染后，可使邻近组织发生化脓性炎症或腐败性炎症，严重者导致蹄壳脱落。

（2）恶性口蹄疫　本型的特点是主要发生于乳猪，死亡率高，可达75%～100%。在败血症的基础上，心肌呈现中毒性营养不良和坏死。剖检见心包内含有较多透明或稍混浊的心包液。心脏外形正常，但质地柔软，色彩变淡，心内膜、心外膜上有出血点。心肌纤维在病毒作用下发生局灶性脂肪变性、蜡样坏死和间质炎性反应，所以在心室中膈及心壁上散在有灰白色和灰黄色的斑点或条纹病灶，因其色彩似虎皮样斑纹，故有"虎斑心"之称（图6-10）。病程较长的病例，上述变性和坏死的肌纤维被增生的结缔组织取代而形成硬结。

图6-10　"虎斑心"

5.防控措施

（1）治疗　轻症病猪，经过10天左右大多能自愈。重症病猪，为了缩短病期，特别是预防继发性感染的发生或病猪死亡，应在严格隔离的条件下，及时对其进行治疗。可先用食醋水或0.2%高锰酸钾溶液洗净局部，再涂布龙胆紫溶液或碘甘油，经过数日治疗，绝大多数猪均可治愈。对恶性口蹄疫病畜，除局部治疗外，常须辅以强心剂和补剂（如安钠咖、葡萄糖盐水等）全身性疗法进行治疗。用结晶樟脑口服，每天2次，每次5～8克，可收到良效。中草药和一些民间验方对本病也有独到的疗效，现简单介绍如下几种。

① 中草药疗法。以下介绍3种有较好疗效并便于应用的处方。

处方一：硼砂25克、冰片15克、枯矾15克、雄黄10克、青黛5克，共研为细末，用管装药，吹入病猪口内，每天2～3次。

处方二：金银花、连翘、大黄、生地、甘草各20克，花粉、山豆根、牛蒡子各15克，蝉蜕10克，黄连25克，水煎2次，分2～3次内服。此药量为100头猪的用量，用时可根据猪的头数，适量增减。

处方三：煅石膏和百草霜各一半，研末，加少量食盐，涂布于病猪的蹄部烂斑或溃疡面上，能促进痊愈，明显缩短病程。

② 验方疗法

处方一：食盐百草霜50克，共研为细末，用麻油渣调制，令病猪自由舔食。

处方二：明矾食盐200克，开水3000毫升，溶化后清洗口唇和蹄部，上午、下午各一次。

处方三：黄柏、青黛、诃子各25克，研成细末，加蜂蜜适量，装在白布袋里，衔在病猪的口腔内。这对口蹄疫的口腔炎症和溃疡有特效。

（2）预防

① 常规预防　目前多采用以检疫诊断为中心的综合防制措施，一般采取以下步骤。

加强检疫和普查。将经常检疫和定期普查相结合起来，分工协作；一定要做好猪产地检疫、屠宰检疫、农贸市场检疫和运输检疫等工作，同时每年冬季应进行一次重点普查，以便了解和发现疫情，及时采取相应措施。

及时接种疫苗。容易传播口蹄疫的地区，如国境边界地区、城市郊区等，要注射口蹄疫疫苗。猪常注射强毒灭活疫苗或猪用的乙型弱毒疫苗，用量和用法按使用说明书。值得注意的是，所用疫苗的病毒型必须与该地区流行的口蹄疫病毒型相一致，否则不能预防和控制口蹄疫的发生和流行。

加强防疫措施。严禁从疫区（场）买猪及其肉制品，不得用未经煮开的洗肉水、泔水喂猪。此外，预防人的口蹄疫，主要依靠个人的自身防护和饮食卫生，如不喝生奶，接触病猪后立即洗手并消毒；防止病猪的分泌物和排泄物等落入口鼻和眼结膜；被污染的衣物等应及时洗涤和消毒等。

② 紧急预防　当检出口蹄疫后，应立即报告疫情，并迅速划定疫点、疫区，按照"早、快、严、小"的原则，及时严格地封锁和紧急预防。具体操作如下。

a.对病猪及同群猪应隔离急宰，内脏及污染物（指不易消毒的物品）深埋或者烧掉，肉煮熟后就地销售食用，不得运输到外地销售。

b.对病猪舍及污染的场所和用具等用2%烧碱溶液、10%石灰乳、0.2% ～ 0.5%过氧乙酸或1%强力消毒灵等进行彻底消毒，在口蹄疫流行期间，每隔2 ～ 3天消毒1次。此外，病猪的粪便应堆积发酵处理或用5%的氨水消毒；毛、皮可用环氧乙烷或甲醛气体消毒。

c.对疫点周围及疫点内尚未感染的猪立即进行紧急预防接种。接种的一般原则是：先注射疫区外围的猪，后注射疫区内的猪。接种的疫苗应选用与当地流行的相同病毒型、亚型的弱毒疫苗或灭活疫苗进行免疫接种。但由于弱毒苗的毒力与免疫力之间难以平衡，不太安全，所以通常用猪口蹄疫灭活苗预防本病，可收到较好的效果。

六、猪流行性感冒

猪流行性感冒（简称猪流感）是由猪流行性感冒病毒所引起的一种急性、高度接触性传染病。临床特征为突然发病，迅速蔓延全群，表现为上呼吸道炎症。剖检时以上呼吸道黏膜卡他性炎、支气管炎和间质性肺炎为主症。

1.病原简介

本病的病原体为正黏病毒科A型流感病毒属的猪流行性感冒病毒。本病毒的粒子呈多形性，直径为20～120纳米，含有单股RNA核衣壳，呈螺旋对称性，外有囊膜。囊膜上有呈辐射状密集排列的两种纤突（图6-11），即血凝素（HA）和神

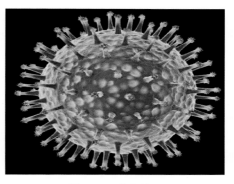

图6-11　病毒粒子

经氨酸酶（NA）。前者可使病毒吸附于易感细胞的表面受体，诱导病毒囊膜与细胞膜相互融合；后者则可水解细胞表面受体特异性糖蛋白末端的N-乙酰基神经氨酶，有利于病毒的出芽生长。

另外，香港流行性感冒病毒和苏联流行性感冒病毒也可引起猪流行性感冒。猪流行性感冒病毒可引起人的流感。病毒主要存在于病猪和带毒猪的呼吸道鼻液、气管和支气管的分泌物、肺脏和胸腔淋巴结中，而在血液、肝脏、脾脏、肾脏、肠系膜淋巴结和脑内则不易检出。本病毒对热和日光的抵抗力不强，但对干燥和冰冻有较强的抵抗力。病毒在-70℃稳定，冻干可保存数年；60℃ 20分钟可使之灭活。一般消毒药对病毒有较强的杀灭作用，而病毒对碘蒸气和碘溶液特别敏感。

2.流行病学

不同年龄、性别和品种的猪对猪流感病毒均有易感性。病猪和带毒猪（病愈后可带毒6周至3个月）是本病的传染源。呼吸道感染是本病的主要传播途径。本病的潜伏期很短，几小时到数天。病毒侵入呼吸道后，先在呼吸道上皮细胞内繁殖，引起上皮细胞变性脱落、黏膜充血、水肿等局部病变，使得发病前后鼻腔分泌物中含病毒最多，传染性最强；接着又向外排出病毒，以致病毒迅速传播，往往在2～3天内全群猪发病，呈现流行性发生。

猪流感的流行有较明显的季节性，大多发生在天气骤变的晚秋和早春以及寒冷的冬季。猪发生流感时，常有猪嗜血杆菌继发感染，或有巴氏杆菌、肺炎双球菌等参与，使病情加重。

3.临床症状

本病的潜伏期一般为2～7天，自然发病平均4天，人工感染则为24～48小时。病猪突然发热，体温一般为40.3～41.5℃，有时可高达42℃。此时见皮肤血管扩张充血，触之有温热感，随着病程的延长，可发展为瘀血，皮肤的色泽加深而呈暗红色。病猪精神不振，食欲减退或不食，常拥挤在一起，不愿活动，恶寒怕冷；呼吸困难，咳嗽，严重时卧地不起而连续咳喘；从眼、鼻流出黏液性分泌物（图6-12），有时鼻分泌物中带有血液；有的病猪伴发肌肉和关节疼痛。本病的病程很短，多数病猪于4～7天可以完全恢复。个别病猪可转为慢性，表现为持续性咳嗽、消化不良、瘦弱，长期不愈，病程可拖延1个多月，发育不良或因机体抵抗力下降而死亡。

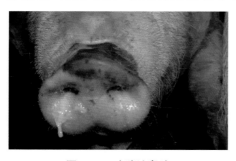

图6-12　病猪流鼻液

如果在发病期管理不当，则可并发支气管肺炎、纤维素性肺胸膜炎和纤维素性出血性肠炎等，从而增加病死率。本病与普通感冒的区别在于后者的体温稍高，多呈散发性，病程较短，发病较缓，其他症状无多大差别。

4.病理变化

病变主要见于呼吸器官。气管黏膜肿胀，潮红，内含大量泡沫样渗出物。肺部病变轻重不一，常发生于尖叶、心叶、中间叶、膈叶的背部与基底部。病变部的肺组织呈紫红色，坚实、萎陷，界限分明，其周围的肺组织则呈苍白色气肿状。肺间质增宽，呈水肿状。支气管黏膜充血，表面有多量泡沫状黏液，有时混有血液而呈淡红色。小支气管和细支气管充满渗出物，胸腔蓄积多量混有纤维素的浆液，病势较重的病例在肺胸膜与肋胸膜亦见有纤维素被覆。病理组织学的变化主要是以支气管炎和局限性支气管肺炎为特点。疾病的初期、中期，主要表现为支气管上皮脱落，多量中性白细胞和中等量的淋巴细胞渗出。它们与分泌的黏液一起被覆在黏膜表面形成卡他性支气管炎变化；当炎症累及肺脏时，可见支气管周围的肺泡上皮脱落，肺泡腔中充满大量浆液和渗出的炎性细胞，肺间质水肿、增宽。

5.防治措施

（1）治疗　目前无特殊治疗药物。一般可用解热镇痛剂等对症治疗，借以减轻临床症状；用抗生素或磺胺类药物，借以控制继发性感染。临床实践证明，用下列中药、西药进行治疗常可获得较好的疗效。

① 西药疗法　可试用复方吗啉胍片，仔猪每次2毫克，每日3次；金刚烷胺片，仔猪每次100毫克，每日2次，3～5天为一个疗程，最多不超过10天，可取得良好效果。为了退热可肌内注射30%安乃近3～5毫升，或复方奎宁5～10毫升，肌内注射1%～2%氨基比林溶液5～10毫升；为了增加病猪的抵抗力，可肌内注射百尔定2～4毫升；为了防止或治疗继发性感染，可应用抗生素或磺胺类药物。

② 三花注射疗法　用野菊花、金银花和一枝花各500克（均为鲜草），加水1500毫升，蒸馏成1300毫升，分装消毒备用。每头成年猪肌内注射10～20毫升，可治流感、高热和肠炎等症。

③ 退热定注射液疗法　用野菊花、忍冬藤、淡竹叶各500克，白英、鸭跖草、一枝黄花各1000克，加水7.5千克，浸泡24小时后蒸馏成4500毫升，分装消毒，备用。仔猪肌内注射10～20毫升；成年猪肌内注射20～40毫升，每天分2～3次，连用3天，对流感有很好的疗效。

④ 验方疗法　下列验方对猪流行性感冒也有较好的效果。

处方一：鲜大青叶150克、鲜柳叶白前100克、鲜葛根200克和马兰150克，水煎服，每天早晚各1次，连用3天。

处方二：苏叶30克、荆芥30克、葛根10克、防风15克、陈皮15克，生姜、葱白为引，水煎服，每天一剂，连用5天。

处方三：大蒜50克、葱头50克、陈皮25克，水煎服，每天一剂，连用3天。

（2）预防　本病主要依靠综合预防措施来进行控制。气候突然变化时，特别是春秋季节要注意猪舍保暖和清洁卫生，猪舍和用具等定期用2%烧碱溶液消毒；尽量不在寒冷、多雨、气候多变的季节长途运输猪群，降低猪的应激性，减少疾病的发生；发生疫情后，应将病猪隔离，加强护理，给予抗生素和磺胺类药物，防止继发感染。必要时可对疫区进行封锁。

七、猪传染性胃肠炎

猪传染性胃肠炎是猪的一种急性高度接触性肠道传染病。临床特征为腹泻、呕吐和脱水。本病可发生于各年龄的猪，10日龄以内的仔猪病死率很高，可高达100%；5周龄以上的猪病死率很低，较大的或成年猪几乎没有死亡。

1.病原简介

本病的病原体为冠状病毒科的猪传染性胃肠炎病毒（TGEV）。

该病毒的粒子呈球形、椭圆形或多边形，直径为80～120纳米，核心含单股RNA，有囊膜，表面有一层长12～28纳米的棒状纤突。用磷钨酸负染扫描电镜观察时，可在病毒粒子的周围见有花冠样突起；透射电镜观察时，病毒多呈圆形而位于内质网腔内。病毒主要存在于病猪的十二指肠、空肠及回肠的黏膜，肠内容物及肠系膜淋巴结中；在鼻腔、气管、肺脏、脾脏、肝脏、血液等组织中，也能查出病毒，但含病毒量较低。据报道，本病毒也可能是猪慢性肺炎的一种病原体，在流行间歇期，隐藏在大猪的肺脏而成为仔猪的传染来源。

TGEV只有一个血清型，与猪血凝性脑脊髓炎病毒和猪流行性腹泻病毒无抗原相关性，但与犬冠状病毒和猫传染性腹膜炎病毒之间有抗原交叉关系。犬和猫被认为是TGEV的携带者。

病毒对日光和热敏感，在阳光下曝晒6小时可以灭活；加热至56℃ 45分钟或65℃ 10分钟即全部杀死。病毒对胰蛋白酶和猪胆汁有抵抗力；对低温也有较强的抵抗力，在内脏和肠内容物中于20℃条件下可存活8个月之久。病毒对化学药品的抵抗力较弱，常用消毒药容易将其杀死。

2. 流行病学

本病只感染猪，而其他动物均无易感性。各种年龄的猪均有易感性，10日龄以内的乳猪，其发病率和病死率均很高，断奶猪、育肥猪和成年猪的症状较轻，大多数能自然恢复。病猪和带毒猪是主要传染源。病毒从粪便、乳汁、鼻汁中排出，污染饲料、饮水、空气及用具等，由消化道和呼吸道侵害易感猪。本病多发生于冬季，不易在炎热的夏季流行。在新疫区呈流行性发生，传播迅速，在1周内可散播到各年龄组的猪群。在老疫区则呈地方流行性或间歇性的发生，发病猪不多，以10日龄至6周龄仔猪容易得病，而隐性感染率很高。

3. 临床症状

本病的潜伏期随感染猪的年龄而有差别，仔猪一般为12～24小时，成年猪2～4天。本病传播迅速，数日内可蔓延到全群。其主要症状因感染猪的年龄不同而有较大的差异。

（1）哺乳猪　先突然发生呕吐，接着发生剧烈水样腹泻，通常呕吐多发生于哺乳之后。由于呕吐和腹泻，病猪多精神沉郁，消瘦，被毛粗乱无光泽。下痢为乳白色或黄绿色，带有小块未消化的凝固乳块，有恶臭；由于病猪多发生呕吐，故在粪便中常见混有乳白色的胃内容物。在发病末期，由于严重脱水和营养缺乏，病猪极度消瘦和贫血，体重迅速减轻，体温下降，恶寒怕冷，常聚集在一起相互挤压而保温。病猪常于发病后2～7天死亡。乳猪发病的特点是：日龄越小，病程越短，死亡率越高。通常5日龄以内仔猪的死亡率为100%。

（2）育肥猪　发病率接近100%。突然发生水样腹泻，食欲不振，无力，下痢，粪便呈灰色或茶褐色，含有少量未消化的固体物。在腹泻初期，偶有呕吐。病程约1周，腹泻停止且康复，少死亡。在发病期间，增重明显减缓后常不发病。部分猪表现轻度水样腹泻，或一时性的软便，对体重无明显影响。

（3）母猪　妊娠母猪的症状往往不明显，或仅有轻微的症状。哺乳母猪发病后，多表现高度衰弱，体温升高，泌乳停止，呕吐，食欲不振，严重腹泻。此时，猪常与仔猪一起发病。

4.病理变化

本病的特征性病变是轻重不一的卡他性胃肠炎。剖检见病猪严重脱水，明显消瘦，可视黏膜苍白或发绀。胃膨胀，血管扩张充血，胃内滞留有未消化的食糜（图6-13）。在3日龄乳猪中，约50%在胃横膈膜面的憩室部黏膜下有出血斑。小肿胀，肠腔内有大量泡沫状液体和未消化的淡黄色凝固乳块，肠壁变得菲薄，呈半透明状（图6-14），血管呈树枝状充血。肠系膜淋巴管内见不到乳白色乳糜，表明脂肪的消化吸收或转动发生障碍。肠系膜淋巴结肿胀，肠壁淋巴小结亦肿胀。

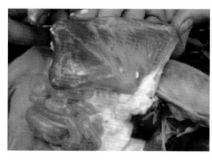

图6-13　胃肠道内有未消化的食糜　　图6-14　肠壁呈半透明状

病理组织学的特征性病变是：小肠黏膜的绒毛明显短缩，上皮细胞变为扁平状或立方形，空泡样变性，并伴发坏死、脱落，黏膜充血、水肿与白细胞浸润等。扫描电镜观察，肠黏膜的绒毛明显缩短，呈扁平状。

5. 防控措施

（1）治疗　本病无特异性药物进行治疗，但采取对症治疗，可以减轻脱水、电解质平衡紊乱和酸中毒；同时加强饲养管理，保持仔猪舍的温度（最好25℃左右）和干燥，则可减少死亡，促进早日恢复。为此，让仔猪自由饮服下列配方溶液（氯化钠3.6克，氯化钾1.5克，碳酸氢钠2.5克，葡萄糖20克，常水1000毫升），具有较好的防治效果。为防止继发感染，对2周龄以下的乳猪，可适当应用抗生素及其他抗菌药物，如用氯霉素注射液肌内注射，每千克体重10～30毫克，每天两次；磺胺脒0.5～4克，次硝酸钠1～5克，小苏打1～4克，混合口服。此外，还可用中医中药方法，如用马齿苋、积雪草、一点红各60克（新鲜全草），水煎服；算盘子树叶50克、黄荆叶25克、乌药叶25克，研为细末，兑白糖50克，分两次内服（此剂为10头乳猪的一天用量）；铁苋菜、地锦草、老鹳草、酢浆草各100克，加水煎浓，分两次内服（此剂为10头乳猪的一天用量）。在应用中草药的同时，还可选用穴位进行针灸，主穴为三里、交巢、带脉，配穴为蹄叉和百会。

（2）预防　预防本病，首先要注意管理。平时注意不从疫区或病猪场引进猪只，以免传入本病。若要引进猪只时，要注意检疫、隔离并防止人员、动物、用具的传播。据研究，TGE是典型的局部感染，乳猪从含有中和抗体的初乳和常乳中可获得良好的免疫效果，此即为乳源免疫。因此，对妊娠母猪于产前45天及15天左右，以猪传染性胃肠炎弱毒疫苗经肌肉及鼻内各接种1毫升，使其产生足够的免疫力，让哺乳仔猪通过吃母乳获得抗体，产生被动免疫，能有效地预防本病。另外，在仔猪出生后，以无病源性的弱毒疫苗口服免疫，每头仔猪口服1毫升，使其产生主动免疫，也是预防本病的好方法。

扫一扫
观看"妊娠母猪进行胃流二联苗免疫"视频

当猪群发生本病时，应立即隔离病猪，并用消毒液对猪舍、环境、用具、运输工具等进行彻底消毒。尚未发病的猪应隔离在安全的地方饲养，并应随时观察，掌握疫情。

八、仔猪流行性腹泻

猪流行性腹泻又称流行性病毒性腹泻（EVD），是由流行性腹泻病毒引起的一种胃肠道传染病，临床上以水泻、呕吐和脱水为特征。本病20世纪70年代初期在英格兰猪群中发现，随后在比利时、捷克、德国、匈牙利和加拿大等相继报道。我国也有本病流行，主要发生于冬季，大小猪均可感染，仔猪死亡率达50%。

1.病原简介

本病的病原体是冠状病毒科、冠状病毒属的猪流行性腹泻病毒，主要存在于小肠上皮细胞及粪便中，为RNA型病毒。粪便中病毒粒子是多形的，但趋于圆形。其大小（包括纤突）平均直径130纳米，变动范围95～190纳米，内含一个直径40～70纳米的核心；外有囊膜，囊膜表面有放射状棒状突起，长18～23纳米。本病毒主要在患猪小肠绒毛上皮细胞内增殖，以出芽方式通过胞浆内膜（内质网等）而完成装配。据报道，猪流行性腹泻病毒如果不作特殊处理，只在病猪小肠绒毛上皮细胞内复制，迄今只有一个血清型。各种血清学检测证明，本病毒与已知的畜禽冠状病毒没有共同的抗原特性。

本病毒的抵抗力不强，对乙醚、氯仿敏感，一般碱性消毒药可以杀灭。

2.流行病学

不同年龄、品种和性别的猪都能感染发病，哺乳猪和生长期以及育肥期猪的发病多，通常为100%，母猪为15%～90%。病猪和病愈猪是主要的传染来源，其粪便含有大量病毒，通过污染饲料、饮水和用具等，主要经消化道传播。有人报道，本病还可经呼吸道传播，并可经呼吸道分泌排出病毒。从粪便中排出病毒的时间可持续54～74天，但有不定的间歇期。

本病一年四季均可发生，但多发生于冬季，特别是12月～翌年2月的寒冷季节。本病传播迅速，数日之内可波及全群，一般流行过程延续4～5周后可自然平息。

3.临床症状

经口人工感染的潜伏期，新生乳猪为15～30小时，育肥猪约2天；自然感染的潜伏期可能要稍长些。病初，病猪的体温稍升高或正常，精神沉郁，食欲减退；继而排水样便，呈灰黄色或灰色（图6-15），吃食或吮乳后部分猪发

图6-15　病猪排出灰黄色稀便

生呕吐。日龄越小，症状越重，1周龄以内的仔猪常于腹泻后2～4天，因脱水死亡，病死率50%。若猪出生后立即感染本病时，则病死率更高。断奶猪、育肥猪及母猪持续腹泻4～7天，逐渐恢复正常。成年猪仅发生呕吐和厌食。

4.病理变化

病毒经口、鼻途径进入消化道，直接侵入小肠绒毛上皮细胞内复制，首先造成细胞器的损伤，影响细胞的营养吸收功能；又因病毒复制增多，上皮细胞变性、坏死、脱落，肠黏膜的肌层收缩使绒毛变短，减少了肠黏膜的吸收面积，加重了营养吸收功能障碍，从而导致病猪严重腹泻、呕吐和脱水。机体离子平衡失调，呈现代谢性酸中毒，最后死于实质器官功能衰竭。

剖检见胃内积有黄白色凝乳块，小肠扩张，肠内充满黄色液体、肠壁菲薄呈透明状。切开胃，胃壁瘀血呈暗红色，附有较多的乳凝块。肠系膜充血（图6-16），肠系膜淋巴结肿胀，呈浆液性淋巴结炎变化。组织学检查，在接种病毒后18～24小时，可见肠绒毛上皮细胞胞浆内有空泡形成并散在脱落；继之，肠绒毛开始短

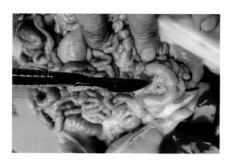

图6-16 病死猪肠系膜充血

缩、融合，上皮细胞变性、坏死。小肠绒毛短缩，其绒毛长与肠腺的比率从正常的7：1下降到约3：1。在短缩的肠绒毛表面被覆一层扁平上皮细胞，其纹状缘发育不全，部分绒毛端上皮细胞脱落，基底膜裸露，固有层水肿。组织化学研究证明，小肠黏膜上皮细胞的酶活性大幅度降低。病变部位以空肠中部最显著。

5.防控措施

（1）治疗 目前尚无特效治疗药物和有效的治疗方法，唯一的防治方法就是对症治疗，防止并发感染，促进猪只康复。由于病猪腹泻明显，为了防止其脱水和电解质平衡破坏，每日需给予足量的含电解质和某些营养成分的清洁饮水（常用处方为：氯化钠3.5克，氯化钾1.5克，碳酸氢钠2.5克，葡萄糖20克，自来水100毫升）。由于乳猪发病后机体的抵抗力明显降低，病猪恶寒怕冷，所以应保持猪舍温暖（25～30℃）和干燥。为了防止细菌的感染，可用抗生素进行注射，对有食欲的仔猪可拌在饲料中喂服。

有人在临床实践中发现用喹乙醇治疗本病有较高的疗效。治疗方法为：将100克喹乙醇混入50千克饲料中，拌匀，日喂3次，连续用药7天；同时每天给病猪饮用0.5%的盐水2次，连用35天，病猪的腹泻即可停止。用药时须注意，一定要将药物与饲料混合均匀，其方法是：先将药用少量饲料拌匀，并逐渐增加饲料，最后将全部饲料加入拌匀。

（2）预防 本病无有效的预防疫苗，只有采取综合性措施进行预防。

① 常规预防 平时要加强防疫工作，加强饲养管理，搞好环境卫生；在本病多发的寒冷季节中，要做好防寒保温工作，提高仔猪

的抵抗力；不从疫区购买种猪，防止本病的传入；对运输饲料的车辆、从疫区归来的人员等应及时消毒，防止带入本病。对于呈地方流行性发生的猪场，可通过改善管理方式打破感染的恶性循环，如实行自繁自养，调整引进品种，暂停引进易感染猪，调整母猪的配种时间和改用分离易消毒的产房等。

② 紧急预防　一旦发生本病，应立即封锁猪场，防止猪群之间相互接触；严格对猪舍、周围环境、用具和车辆等进行彻底消毒；将未感染的预产期20天以内的妊娠母猪和哺乳母猪连同乳猪隔离到安全地区饲养。

九、猪细小病毒病

猪细小病毒病是由猪细小病毒所引起猪的一种病毒性传染病。其特征为受感染的母猪，特别是初产母猪产出死胎、畸形胎和木乃伊胎，而母猪本身无明显症状；有时也导致公猪、母猪不育，所以本病又有猪繁殖障碍病之称。

1. 病原简介

本病的病原体为细小病毒科的猪细小病毒（Porcine parvo virus，PPV）。该病毒的粒子呈圆形或六角形（图6-17），为20面体对称，无囊膜，直径为18 ～ 24纳米，基因为单股DNA。病毒具有血凝特性，能凝集豚鼠、恒河猴、小白鼠、大白鼠、猫、鸡和人O型血的红细胞，其中以豚鼠红细胞的血凝性最好；在培养细胞的细胞核中可产生核内包涵体。据报道，PPV毒株有强弱之分，强毒株（如NADL-8毒株）感染母猪后可导致病毒血症，并通过胎盘垂直感染，引起胎儿死亡；弱毒株（如NADL-2毒株）感染妊娠母猪后不能经胎盘感染胎儿，而被用作弱毒疫苗株。

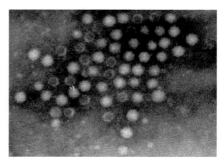

图6-17　细小病毒粒子

本病毒对热、消毒药和酸碱的抵抗力均很强，56℃ 48小时、80℃ 5分钟才失去感染力和血凝性；对乙醚、氯仿不敏感，pH适应范围很广。病毒对外界环境的抵抗力也很大，能在被污染的猪舍内生存数月之久，容易造成长期连续传播。当被污染的圈舍按常规消毒方法处理后，再放入易感猪时，仍有被病毒感染的可能。

2.流行病学

猪是唯一已知的易感动物，不同年龄、性别的家猪和野猪均可感染。据报道，在些家畜和实验动物（例如牛、绵羊、猫、豚鼠、小白鼠和大白鼠等）血清中也存有抗本病毒的特异性抗体；来自病猪场的鼠类，其抗体的阳性率也比阴性猪场的鼠类高。病猪和带毒猪是主要的传染源。急性感染猪的排泄物和分泌物中含有较多的病毒；感染母猪所产的死胎、活胎、仔猪及子宫分泌物中均含有大量病毒；子宫内感染的仔猪至少可带毒9周；有些具有免疫耐性的仔猪可能终生带毒；被感染的公猪，其精细胞、精索、附睾和副性腺均含病毒，在其配种时很容易传染给易感母猪，常引起本病的扩大传播。

本病的主要传播途径是消化道、交配感染、人工授精感染和出生前经胎盘感染；呼吸道也可传播。病毒在感染猪体内许多器官，特别是在一些增生迅速的组织中，如淋巴小结的生发中心、结肠固有层、肾间质细胞、鼻甲骨膜等。

本病常见于初生母猪，一般呈地方流行性或散发性。猪场发生本病后，可能连续几年不断地出现母猪繁殖失败。母猪妊娠早期感染时，其胚胎、胎猪死亡率可高达80%～100%。猪感染细小病毒1～6天后，即可发生病毒血症；1～2周后随粪便排出病毒，污染环境；7～9天后可测出血凝抑制抗体，21天内抗体效价可高达1∶15000，且能持续数年。多数初产母猪受感染后可获得坚强的免疫力，甚至可持续终生。

3.临床症状

仔猪和母猪的急性感染，通常没有明显症状，但在其体内很多组织器官（尤其是淋巴组织）中均有病毒存在。性成熟的母猪或不同妊娠期的母猪被感染时，主要临床表现为母源性繁殖障碍，如多次发情而不受孕，或产出死胎、木乃伊胎，或只产出少数带毒发育不良的仔猪；母猪在妊娠7～15天感染时，则胚胎死亡而被吸收，使母猪不孕和不规则地反复发情；有时胚胎死亡而被排

图6-18　死胎和木乃伊胎

出，由于其体积很小而不被发现。妊娠30～50天感染时，最初可产出雏形胎猪，后期主要产木乃伊胎（图6-18）；妊娠50～60天感染时多产出死胎；妊娠70天感染时，则常出现流产症状；在妊娠中、后期感染时，也可发生轻度的胎盘感染，但此时胎儿常能在子宫内存活，产出木乃伊化程度不同的胎儿和虚弱的活胎儿，在1窝仔猪中有木乃伊胎存在时，可使妊娠期或胎儿娩出间隔时间延长，这样就易造成外表正常的同窝仔猪的死产；妊娠70天后感染时，则大多数胎儿能存活下来，并且外观正常，但可长期带毒排毒，若将这些猪作为繁殖用种猪，则可使本病在猪群中长期扎根，难以清除。

此外，本病还可引起母猪的产仔瘦小和弱胎；母猪不正常的发情和久配不育等症状。细小病毒感染对公猪的性欲和授精率没有明显影响。

4.病理变化

妊娠母猪感染后未见病变或仅见轻度的子宫内膜炎，有的胎盘有部分钙化。胚胎的病变是死后液化、组织软化而被吸收；有时早期死亡的胚胎并不排出，而是存在于子宫内，随着水分的吸收而变成黑褐色木乃伊胎。剖解可见，子宫体积稍大，内含许多黑褐色肿块。切开子宫，见黑褐色的块状物实为木乃伊化的死胎。含有木乃伊

胎的子宫黏膜常轻度充血，并发生卡他性炎症变化。受感染而死亡的胎儿可见充血、水肿、出血、体腔积液、脱水（木乃伊化）等病变。

具有特征性的病理组织学变化是病猪和死胎的多种组织和器官的广泛性细胞坏死、炎性细胞浸润和核内包涵体的形成。大脑的灰质、白质和软脑膜有以增生的血管外膜细胞、组织细胞和少数浆细胞形成的管套为特征的脑膜炎，但脑质细胞的增生和神经细胞的变性变化则较轻。

5.防控措施

（1）治疗　对本病尚无有效的治疗方法，只能对症治疗。

（2）预防　控制本病的基本方法有3种。

① 防病入场。为了控制带毒猪进入猪场，应自无病猪场引进种猪。若从本病阳性猪场引进种猪时，应隔离14天，进行两次血凝抑制试验，当血凝抑制滴度在1∶256以下或呈阴性时，才可以引进。

② 主动免疫。初产母猪在其配种前可通过自然感染或人工免疫接种使之获得主动免疫力。促使自然感染的一种常用方法是在一群血凝抑制试验阴性的初产母猪中放进一些血清学阳性的老母猪或来自木乃伊窝的活仔猪，通过它们的排毒，使初产母猪群受到感染。但这种方法只适用于本病流行地区，因为将猪细小病毒引进一个清净的猪群，将会后患无穷。人工免疫方面，我国已制成猪细小病毒灭活疫苗，对4～6月龄的母猪和公猪两次注射，每次5毫升（2毫升也有效），免疫期可达7个月。1年免疫注射两次，可以预防本病。

③ 净化猪群。猪场一旦发生本病，应立即将发病的母猪或仔猪隔离或彻底淘汰；所有与病猪接触的环境、用具应严格消毒；应运用血清学方法对全群猪进行检查，检出的阳性猪要坚决淘汰，以防疫情进一步扩展；与此同时，对猪群进行紧急疫苗注射。

十、猪乙型脑炎

本病又称日本乙型脑炎，是一种人畜共患的病毒性传染病，马、牛、羊、禽类及人等均能感染。猪被感染后，大多数的临床症状不明显，以妊娠母猪流产、产死胎和公猪睾丸肿大为特点，只有少数病猪出现神经症状。

1.病原简介

本病的病原体是黄病毒科黄病毒属的日本乙型脑炎病毒。本病毒的粒子呈圆形，含单股DNA，大小为30～40纳米，是20面体立体对称。核心为RNA包以脂蛋白膜，外层为含糖蛋白的纤突。病毒在感染猪的血液中存留时间很短，主要存在于中枢神经系统、脑脊髓液和肿胀的睾丸内。流行地区的吸血昆虫，特别是库蚊属和伊蚊属体内能分离出病毒。小鼠是最常用来分离和繁殖病毒的实验动物，各种年龄的小鼠虽然都有易感性，但以1～3日龄的小鼠最易感。

本病毒对外界环境的抵抗力并不强，在-20℃可保存一年，但毒价降低；在50%甘油生理盐水中于4℃可存活6个月；在pH值7以下或pH值10以上，活性迅速下降。常用的消毒药均具有良好的灭活作用，如2%烧碱和3%来苏尔等均可很快将病毒杀死。

2.流行病学

本病以蚊为媒介而传播。已知库蚊、伊蚊、按蚊属中的蚊虫均能传播本病。其中以三带喙库蚊为本病的主要传播媒介。病毒在三带喙库蚊体内可迅速增至5万～10万倍，而且三带喙库蚊的感染阈低（小剂量即可使猪感染），所以其传染性强。另外，病毒能在蚊体内繁殖和越冬，且可经卵传至后代。带毒越冬的蚊虫是次年感染猪和其他动物的重要传染源。因此，蚊虫不仅是传播媒介，而且也是病毒的贮存宿主。猪的感染率非常普遍，隐性感染者甚多，是病毒的主要增殖宿主和传染源。猪感染后出现病毒血症的时间较长，血中的病毒含量很高，媒介蚊虫又嗜其血，而且猪的饲养数量大更新快，容易通过猪—蚊—猪循环，扩大病毒的传播。本病在猪群中的流行特征是感染率高、发病率低，不同品种和性别的猪均易感，发病年龄多与性成熟期相吻合。

本病的发生有严格的季节性，每年天气炎热的7～9月发生最多，随着天气转凉，蚊虫减少，发病也减少。

3.临床症状

人工感染的潜伏期为3～4天。病猪体温升高，可达40～41℃，精神沉郁，喜卧地，食欲减退，口渴，结膜潮红，粪便干燥呈球状，表面常附有灰白色黏液，尿呈深黄色，少部分猪后肢轻度麻痹，行走不稳，有的后肢关节肿胀疼痛而呈现跛行。有的病猪视力障碍，摆头，乱冲乱撞，后肢麻痹，最后倒地不起而死亡。

妊娠母猪发生流产或早产或延时分娩，胎儿是死胎（图6-19）或木乃伊胎。仔猪出生后几天内发生痉挛而死亡。有的仔猪却生长发育良好，同一胎仔猪的大小和病变有显著差异，并常混合存在。母猪流产后，不影响下一次配种。

公猪除上述一般症状外，常发生睾丸肿胀（图6-20），多呈一侧性，也有发生两侧性的，肿胀程度不一，局部发热，有疼感，数日后开始消退，多数逐渐缩小变硬，丧失配种能力。

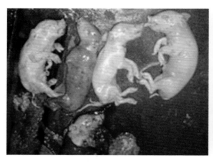

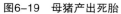

图6-19　母猪产出死胎　　　　图6-20　病公猪睾丸肿胀

4.病理变化

本病最有特征性的病理变化主要位于生殖器官。

流产的母猪子宫内膜显著充血、水肿，黏膜上附有黏稠的分泌物。拭去黏液见黏膜面散布有小出血点，黏膜肌层水肿流产的胎儿有死胎、木乃伊。死胎的大小不一，小的拇指头大，呈黑褐色，干瘪而坚硬；中等大的一般完全干化，呈茶暗褐色，皮下有胶样浸润；发育到正常大小的死胎，常由于脑水肿而头部肿大，体躯后部皮下有弥漫性水肿，浆膜腔积液。胸腔和腹腔积液，淋巴结充血，肝脏和脾脏有坏死灶，部分胎儿可见到大脑或小脑发育不全的变化。

具有神经症状的病猪，剖检常见脑水肿，表现颅腔和脑室内蓄积多量澄清的脑脊液，大脑皮层因脑室积水的压迫而变成含有皱襞的薄膜。中枢神经系统的其他部位也发育不全。组织学检查可见到典型的非化脓性脑炎的变化，即神经细胞变性坏死，数个星状胶质细胞和小胶质细胞将之包围而形成卫星现象；或被小胶质细胞吞噬而形成噬神经现象；血管周围有大量淋巴细胞浸润而构成血管套；大量星状胶质细胞增生而形成胶质结节等病变。

公猪主要表现为一侧或两侧睾丸肿胀，大小可比正常的增大1倍以上，阴囊的皱襞消失而发亮。切开见鞘膜与白膜间蓄有积液、睾丸实质充血、肿大，表面扩张的血管呈细网状。横断睾丸，切面充血、瘀血和水肿，有大小不等的黄色坏死灶，后者周边出血。慢性病例见睾丸萎缩、硬化，切开见睾丸与阴囊粘连，睾丸实质结缔组织化。镜检，睾丸实质的主要病变是曲细精管的变性和坏死。病初，见有少量曲细精管的上皮变性坏死或溶解，间质充血、水肿和炎性细胞浸润；继之，变性和坏死加重，曲细精管腔中充满细胞碎屑，大部分曲细精管均坏死。

5.防控措施

（1）治疗方法　发病后立即隔离治疗，做好护理工作，可减少死亡，促进康复。目前未发现有效的药品和抗生素，为了防止继发感染，可应用抗生素或磺胺类药物，如20%磺胺嘧啶钠液5～10毫升，静脉注射。也可试用下列处方。

处方一：生石膏、板蓝根各120克，大青叶60克，地黄、连翘、紫草各30克，黄芩18克，水煎后1次灌服，小猪分两次灌服。

处方二：安溴注射液10～20毫升，静脉注射，或巴比妥0.1～0.5克内服，或10%水合氯醛5～10毫升，静脉注射。

处方三：5%葡萄糖溶液200～500毫升，维生素C 5毫升，静脉注射。

此外，还可采用针灸治疗。主穴：天门、脑俞、血印、大椎、太阳；配穴：鼻梁、山根、涌泉、滴水。

（2）预防措施 主要从猪群的免疫接种、消灭蚊虫等方面入手。

① 免疫接种。猪群预防接种，不但可预防乙型脑炎的流行，还可降低猪群的带毒率，既可控制本病的传染来源，也为控制人群中乙脑的流行发挥作用。预防接种应在蚊虫出现前1个月内完成。现在常用的疫苗为乙型脑炎弱毒疫苗（2-8株、5-3株、14-2株）；注射的次数为：第一年以两周的间隔注射两次，以后每年注射1次，即可预防母猪发生流产。

② 消灭蚊虫。这是预防和控制本病流行的根本措施。据研究，三带喙库蚊的成虫能够越冬，而越冬后其活动时间较其他蚊类晚，主要产卵和滋生地是水田或积聚浅水的地方。此时蚊虫的数量少，滋生范围小，较易控制和消灭。因此，要注意消灭蚊幼虫滋生地，疏通沟渠，填平洼地，排除积水；选用有效的杀虫剂，如马拉硫磷、倍硫磷、双硫磷等，定期或黄昏时在猪圈内喷洒。

此外，猪的饲养周期短，更新快，一定要管理好没有经过夏秋季节和从非疫区引进的仔猪。积极的管理办法是：在乙脑流行前完成疫苗的接种，并在夏秋季节杜绝蚊虫叮咬仔猪。

十一、非洲猪瘟

非洲猪瘟（African swine fever，ASF）是由非洲猪瘟病毒科、非洲猪瘟病毒属的一种DNA病毒引起的疾病。由于该病能迅速传播并且对社会经济有重要影响，世界动物卫生组织将ASF列为A类传染病。目前，ASF主要在非洲的许多亚撒哈拉国家及意大利的撒丁岛呈地方性流行。在自然条件下，非洲猪瘟病毒（ASF virus，ASFV）只感染猪，包括野猪和家猪。疣猪和非洲野猪感染ASFV后通常呈隐性感染。在非洲，这两种猪是ASF的保毒宿主（De Tray，1957；Heus-chele和Coggins，1965）。软蜱可作为本病的保毒宿主和传播媒介，特别是非洲钝缘蜱和游走性钝缘蜱。一旦该病毒在家猪中存在，感染猪和带毒猪将成为最主要的传染源。该病的临床症状和病变可表现为从急性到隐性不等，并且与猪的几种出血性疾病相似，特别是猪瘟和猪丹毒，该病需要通过实验室诊断进行确诊，目前还没有针对ASFV的有效疫苗和治疗方法，因此ASF的控制主要依靠实验室快速诊断和执行严格的卫生防疫措施。

1.病原简介

ASFV是非洲猪瘟病毒科非洲猪瘟病毒属的唯一成员（Murphy等，1995）。ASFV是一个复杂的20面体病毒，其特征与虹彩病毒科和痘病毒科的成员相似。单一病毒粒子含有一些带有六角形外膜的有共同轴心的结构。ASFV的平均直径为200毫米。ASFV为双股线性DNA基因组，根据病毒株的不同其大小为170～190kb，ASFV的BA71v毒株的整个DNA序列由170101个核苷酸和151个开放阅读框组成，编码5个多基因家族（Yanez等，1995）。ASFV是一种非常复杂的病毒。在细胞内的病毒粒子至少有28种结构蛋白被证实，在被感染的猪巨噬细胞中有100种以上的病毒诱导蛋白被证实。

2.流行病学

1921年，Montgomery首次在肯尼亚报道了ASF。该病毒可从疣猪传播给家猪，死亡率为100%。1957年ASF首次在非洲以外的国家出现。葡萄牙的里斯本发生了伴有100%死亡率的超急性非洲猪瘟。家畜中只有猪能自然感染ASF，非洲野公猪也可对ASF易感，其临床症状和死亡率与西班牙和葡萄牙以及撒丁岛上的自然感染ASF的家族相似。有几种软蜱被证明是ASF的保毒宿主和传播媒介，包括非洲钝圆蜱和伊比利亚半岛的游走性钝圆蜱。ASF以循环感染非洲野猪和软蜱的方式在非洲传播。病毒的水平足以达到从蜱向家猪传播，但通常不能造成动物间的直接接触感染。一旦ASF在家猪中存在带毒猪就成为重要的传染源。并且带毒猪在该病流行中的作用决定ASF根除措施的制定。ASF在普通环境中难以灭活，对酸性环境和温度有一定的抵抗力，能从在室温放置18个月的血清和血液制品中分离到该病毒，然而该病毒经60℃处理30分钟可被灭活。并能被许多脂溶剂和商品化的消毒剂灭活。ASF在冰冻或者未煮熟的肉中能够存活几周或者几个月。在腌制或处理过的猪肉制品中不再有感染力。

3.临床症状

非洲猪瘟的临床症状与猪瘟和猪丹毒等其他猪病的临床症状相似。非洲猪瘟的临床症状随着ASFV的毒力、感染剂量和感染途径的不同而不同。临床症状可以从超急性型到亚急性型或者隐性感染。ASF在非洲主要引起急性非洲猪瘟，必然表现为食欲减退、高热，体温可以升高到40～41℃，白细胞减少，皮肤出血，尤其是在耳部和腹部皮肤（图6-21）。死亡率高。非洲以外的地区也可能发生急性的ASF，但是亚急性的ASF和慢性ASF最为常见。亚急性的ASF表现为暂时性的血小板和白细胞减少，可见大量出血灶。慢性的表现为呼吸改变、流产和低死亡率等。

图6-21 病猪皮肤出血

4.病理变化

ASF的病变随着病毒的毒力不同而不同。急性和亚急性ASF表现为广泛的出血和淋巴组织的损伤。亚临床和慢性的ASF病变很少或者没有病变。非洲猪瘟的病变大体集中于脾和淋巴结以及肾脏和心脏等。脾脏呈红黑色、肿大、梗死和变脆。有时病变为大的梗死灶，并伴有被膜下出血，淋巴结出血，水肿和变脆，有时看起来像黑红色的血肿。因为充血和被膜下出血，淋巴结的切面有时呈现大理石样的外观。有时肾皮质及其切面上有点状出血，肾盂切面也呈点状出血。有的病例可见带有出血性浆液的心包积水，心内膜或者心外膜上有出血点或出血斑。急性ASF还能观察到其他的病变，如腹腔内的出血性浆液，并伴有整个消化道的水肿、出血，肝脏和胆囊充血，以及膀胱黏膜出血。有时在胸腔中也可见到胸腔有积水和胸膜上点状出血。肺脏有水肿。脑组织充血。亚急性ASF，表现为淋巴结和肾脏的大量出血。脾脏肿大和出血（图6-22），肺脏有瘀血水肿。急性ASF的组织病理学变化出现的血管和淋巴器官病变呈现出血、微血栓形成以及内皮细胞的损伤并伴有内皮下死细胞大量聚集的情况。慢性ASF主

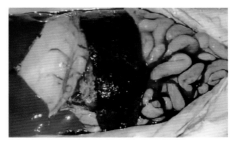

图6-22　脾脏肿大出血

要引起呼吸道的变化，病变很小或者几乎没有。病变主要是在纤维素性胸膜炎，胸膜粘连、干酪样肺炎以及淋巴网状组织增生，纤维素性心包炎和坏死性皮肤病也可见。

5.防控措施

目前还无法治疗ASF，也没有有效的疫苗来预防ASF。自从1963年第一个ASF弱毒疫苗在葡萄牙应用以来，人们做了许多努力以期制备满意的疫苗。灭活疫苗不能产生任何保护作用。弱毒活疫苗能使一些猪免受同源ASFV毒株的感染，但是这些猪部分会成为病毒携带者或出现慢性病变，当大规模使用弱毒活疫苗时，这种可能性会增加。由于ASF会引起很高的经济损失，而且没有有效的疫苗控制该病，所以无ASF国家预防ASFV的传入显得尤为重要。流行病学研究表明，ASFV的一个主要来源是国际机场和海港的被ASFV污染的垃圾。因此，飞机和轮船的残余食品应全部焚烧。在存在ASFV的欧洲（如撒丁岛），ASF呈地方性流行，在这里存在温和型或隐性ASF，预防ASF最重要的措施是控制猪只流通，并进行广泛的血清学检测以确定带毒猪。在非洲一些ASF呈地方性流行的地区，预防ASF最重要的是控制天然宿主，例如软蜱和疣猪，并且要防止这些传染源与家猪接触。不论什么原因，当怀疑猪感染了ASF时，应严格限制猪只的流通并立即进行ASF的确诊。另外，重要的是牢记低毒力ASFV不会引起临床症状和病变。

具体防范要点如下。

（1）封场隔离：禁止外人进入猪场，控制员工外出。

（2）选用有效消毒药：戊二醛＋甲溴铵溶液、次氯酸钠、二氯异氰酸钠、氢氧化钠等，使用浓度在预防浓度基础上加倍。

（3）强化消毒：用流动消毒车对生产区、生活区每天消毒一次；食堂、办公室拖地消毒，一天一次；发放消毒药给员工消毒宿舍地板，一天一次。

（4）在场外2千米左右设置临时消毒点，对外来拉猪车进行消毒，重点是场地、道路、车辆消毒。

（5）杀灭传播媒介，包括灭鼠、灭蚊、灭蝇、灭蟑等。

（6）经批准外出的员工，需自备干净的衣服放在门岗更衣室，回来时必须在门岗沐浴更衣，要将换下的衣服用消毒水浸泡消毒15分钟以上。

（7）送料车司机必须在门岗换鞋，由保卫人员用喷壶消毒驾驶室地板，进入送料场后禁止司机下车。

（8）对车辆的消毒池、洗手消毒盆、消毒脚盆要及时补充或更换有效消毒药。

（9）消毒药使用一段时间后要全场统一更换另一种消毒药，要求每个月轮换一次。

（10）购回的疫苗要用消毒药擦洗外包装后才能放入冰箱存放，易耗品、材料、工具等必须经过熏蒸消毒24小时后才能发放。

（11）卖猪时，场内拉猪车每次运猪时，必须在内出猪台消毒后才能返回生产区。

（12）要求全体员工对疫病不造谣、不信谣、不传谣。

第六节
猪的主要细菌性疾病防控技术

一、猪支原体肺炎

1965年，在美国（Mare和Switzer，1965）和英国（Goodwin等，

1985）几乎同时从病猪中分离出猪肺炎支原体。从那时起，猪肺炎支原体在诱导猪慢性肺炎中的作用一直是世界养猪业尚未解决的问题。单纯由猪肺炎支原体引起的肺炎称为猪支原体肺炎。然而，地方性肺炎是最常用的术语，因为它描述了该病的流行病学表现形式和多种其他的致病因素或有关的病理变化，地方性肺炎通常由猪肺炎支原体和其他致病菌混合感染引起，例如多杀性巴氏杆菌、猪链球菌、猪副嗜血杆菌或猪胸膜肺炎放线杆菌。当猪肺炎支原体与猪繁殖呼吸综合征病毒（PRRSV）、猪2型圆环病毒（PCV2）和/或猪流感病毒（SV）混合感染时就会发生常见的猪呼吸道疾病综合征（PRDC），该证候群的出现严重威胁养猪业的健康发展。当感染猪肺炎支原体后，与其名称不同，它不仅引起猪的呼吸系统疾病，同时导致猪的繁殖能力下降。

1.病原简介

猪肺炎支原体的分离培养缓慢且复杂。虽然它能在培养基上生长，但是培养和鉴定非常烦琐且费时，通常不易成功。当被其他细菌或支原体，尤其是猪鼻支原体污染时导致猪肺炎支原体的分离和培养失败。与其他猪支原体相比，猪肺炎支原体的初代培养物生长缓慢，经3～30天培养产生轻微的混浊，培养基变酸，颜色发生改变，将其接种到固体琼脂糖培养基后，在含5%～10% CO_2气体的环境下培养，2～3天后，几乎无肉眼可见的菌落。猪肺炎支原体与非致病性的絮状支原体在形态学、生长特性和抗原性等方面非常相似，因此有必要将猪肺炎支原体与猪的其他支原体加以区别。

2.流行病学

自然条件下，带菌猪是猪肺炎支原体感染的主要传染源。1972年，Goodwin证实能从感染猪鼻腔分泌物中分离出猪肺炎支原体。近年来，应用聚合酶链式反应（PCR）证实了该病原菌存在于感染猪鼻腔中，此外，实验证明不同日龄的同圈猪之间可以互相传染。猪肺炎支原体的生长要求苛刻和生长缓慢的特性，表明它在猪群之间将很难传播。然而，许多研究者证明，一些猪群发生猪肺炎支原体感染或二次感染。

少数猪感染猪肺炎支原体后，就会在同圈猪之间发生互相传染。调查并鉴定了疾病在临床明显期和产生式系统的不同。这些研究证实，许多因素都能影响猪群中疾病的传播和动态发展，例如饲养方式、通风条件、管理方式（饲养密度、气候状况）和1点、2点与3点产生式系统等。对多数猪群而言，同圈猪间的传播多发生在仔猪断奶期，在不断流动的系统下，大量地传播了猪肺炎支原体和其他呼吸道病原。虽然不同年龄的猪都对猪支原体肺炎易感。但仔猪超过6周龄时才表现明显的症状。在猪繁殖呼吸综合征病毒（PRRSV）存在时，10天之内实验性感染猪肺炎支原体并没有发生典型的肺炎，但是增加了猪支原体肺炎发生的概率。使用早期断奶的方法，即仔猪在7～10日龄断奶后被移到隔离区，这样能明显降低感染率，但由于母猪的垂直传播，所以并不能完全排除感染发生的可能。不同国家猪支原体肺炎的发病率有所不同。29%的养猪户认为19.6%猪支原体肺炎的发生与保育猪有关；在万头猪场，52.7%的架子猪和68%的育肥猪感染过支原体相关疾病，超过50%的疾病被诊断为猪支原体肺炎。在其他国家，支原体引起的肺炎在猪群中的发生率为38%～100%，由于该病与其他呼吸道病原如多杀性巴氏杆菌、猪繁殖呼吸综合征病毒（PRRSV）、猪流感病毒（SIV）和猪2型圆环病毒（PCV2）的协同感染引起并发，因此很难确定猪支原体肺炎精确的发生率。许多国家实施了根除猪肺炎支原体的策略并获得了成功。瑞士、丹麦、瑞典、芬兰等许多欧洲国家都成功实施了局部灭绝的根除计划，2周内不允许10月龄以下的猪在养殖场内。

3.临床症状

猪支原体肺炎为一种发病率高、死亡率低的慢性疾病。主要的临床症状表现为慢性干咳，因动物个体不同有的不咳嗽、不喘气（图6-23）。实验性感染后，临床特征症状首先是咳嗽，通常发生在感染后的7～14天内；然而，在自然条件下感染，临床疾病很少出现预示性的症状。疾病的发展是进行性的感染的动物个体连续几周，甚至数月出现咳嗽。由于其他病原体的继发感染，动物可能会出现发热、食欲不振、呼吸困难及衰竭等症状。

图6-23　咳嗽、喘气的病猪

大多数猪支原体肺炎病猪并不表现不适，但显得沉郁、食欲下降，总体上看这些猪表现正常。

4.病理变化

猪支原体肺炎肉眼可见的病变是肺脏有紫红色到灰色的实变区，在肺脏的前腹侧区较为明显。病变主要发生在肺脏心叶和尖叶的腹侧以及中间叶和膈叶的前部。然而，严重病例的整个肺脏都发生病变（图6-24）。无继发感染时，病变多为局

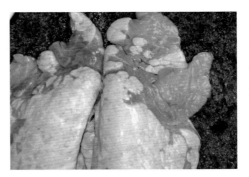

图6-24　病变的肺脏

灶性，比较容易鉴别。在其他病原菌继发感染时，病变取决于多种因素，病变范围扩大且很难与这些病原菌感染引起的病理变化相区别，刀切肺脏，肺脏质度变硬（不是非常硬）、重量增加。气管中有黏液性渗出物。局部淋巴结肿大、质度变硬。

在显微镜下，病变以慢性肺炎为特征。疾病早期，气管内有嗜中性粒细胞积聚。随着病程发展，在细支气管、支气管、血管周围有淋巴细胞、单核细胞浸润，通常也可发生间质性肺炎，在气管内充满细胞碎片。肺泡内可能出现嗜酸性的水肿液，单核细胞和多核细胞的数量增加。病程进一步发展，气管内形成淋巴小结。恢复期

病变出现肺泡萎陷，肺泡气肿，淋巴小结增生。当猪在恶劣的饲养环境、饲养管理水平低的情况下，很容易发生继发感染，镜检病理变化严重性增加，猪肺炎支原体引起的肉眼可见的和显微镜下的病理变化都不是特异性的，因此必须排除其他呼吸道病原体，包括细菌和猪流感病毒（SV）等感染的可能。

5.防控措施

（1）治疗　针对猪肺炎支原体的抗生素能够控制疾病的发展，但并不能去除呼吸道或痊愈的器官中的病原体。大量研究评价了多种抗生素的有效性，包括多种喹诺酮类、泰乐菌素、土霉素和替米考星及其他的抗菌药物，为了估价每种抗菌药物在体外的有效性，他们使用多种不同的测试系统。研究发现，喹诺酮类有较高的抗菌活性；硫姆林、2,3-二氨基萘诺氟沙星、金霉素、林可霉素、替米考星和其他抗生素也有较好的抗菌活性，但是它们许多表现为支原体抑制剂而不是灭菌剂。然而，当比较研究出的猪肺炎支原体体外抗生素在猪体内的性能时应该加强猪的护理，抗生素的性能主要决定于病原在呼吸道纤毛上的定位。为了找到一种对病原菌有效的抗生素，这种抗生素必须能在呼吸道中的黏性分泌液中表现高水平的抗菌活性。

很多研究评价了抗生素在体内的有效性，偶尔会得出有冲突的结论。猪肺炎支原体没有细胞壁，这将妨碍那些通过干扰细胞壁合成发挥抗菌作用的抗生素的有效性，这类抗生素包括青霉素、氨苄青霉素、阿莫西林和头孢菌素（先锋霉素），其他的抗生素抗猪肺炎支原体的效果不好，像多黏菌素、红霉素、链霉素、甲氧氨苄和磺胺类药等，不知道猪肺炎支原体是否有对抗生素产生耐药性的能力；然而，有报道这种现象的发生，自然状态下感染时病原菌常对四环素类药物产生耐药性。据报道，硫姆林能够降低实验性诱导和自然感染所引起的支原体肺炎的严重性。在一项单独的研究中，Ross和Cox没有观察到硫姆林对肉眼可见的或显微镜下的病变有效，或对荧光抗体法（FA）检测出的抗原产生效应。有研究证实，在饲喂时添加金霉素能够降低肺炎的严重性和减少病原菌的数量。其他的研究已经证实，硫姆林、替米考星和泰乐菌素及多西环素在日增重获得和临床疾病治疗上的有效性。然而，对于自然感染病例，病猪感染大量的病原菌，因而很难评价抗生素对猪肺炎支原体的影响。然而，用抗生素治疗猪支原体肺炎的效果通常不太理想，主要是由于停药后病原菌会再出现。由于次要病原的感染使得治疗更有挑战性，并且通常需要应用多种抗生素去控制所有与呼吸道疾病相关的病原。已经有成功使用抗生素联合治疗的报道用抗生素治疗猪支原体肺炎时，最好在猪的应激期使用，包括断奶期或混养期。了解呼吸道存在的其他病原菌和确定最佳治疗时期是达到最好的治疗效果的关键。在病原出现之前或出现早期给药对于成功使用药物辅助控制猪支原体肺炎是非常重要的。总的来说，支原体肺炎发展过程中，预防是唯一有效的降低猪群中由猪支原体肺炎造成的经济损失的方法。

（2）预防　猪支原体肺炎、地方性肺炎或猪呼吸道疾病综合征（PRDC）有效的预防和控制方法是为猪提供优良的生活环境，如保证圈舍内的空气清新、通风条件良好、环境温度适宜及猪的数量适宜。采取一些措施，例如对猪的进出流动、母猪的药物治疗和仔猪的早期断奶以及其他一些管理措施都能够有助于控制与猪肺炎支原体感染相关的疾病的发生。此外，Maes等推荐其他一些有助于限制猪肺炎支原体对养猪业影响的管理策略。

这些策略包括建立一个平衡、稳定的母猪群（引入的母猪数不能超过总数的30%）；封闭猪群或最小化猪的来源渠道；采用生物安全策略阻止疾病的引进和传播；降低猪的应激反应，优化饲养密度；提供良好的通风条件、空气质量和适宜的室温。猪肺炎支原体的根除成为许多生产部门的共同目标。为了清除本国内的猪肺炎支原体，瑞士使用一个早期根除计划。清除猪群中猪肺炎支原体的其他方案，包括药物治疗及早期断奶的方案，即母猪用抗生素治疗，仔猪在6日龄断奶；断奶猪早期分离的方案，为了显著减少从母猪到仔猪传播的病原菌的数量，采用分区管理的方法。通过剖宫产方式获得的没有吃过初乳的猪去繁殖猪群是保证获得无肺炎支原体感染猪的唯一方法。任何情况下，病原菌的再出现和再感染是无猪肺炎支原体感染的猪维持中经常遇到的问题。

抗猪肺炎支原体的疫苗，包括全细胞佐剂苗或膜制剂最常用于控制与猪支原体肺炎相关的临床疾病。目前大量的商业化疫苗在美国和世界各国广泛使用。在美国，85%以上的猪群都接种过支原体疫苗，为了证明这些疫苗对自然和实验性感染动物的有效性，目前正在进行大量研究。目前在美国采用接种单倍和双倍剂量疫苗的方案能有效地控制疾病的发生。然而，这些方案的实施也受多种因素的影响，包括养殖场畜群的整体健康水平，猪肺炎支原体相关临床疾病出现的时间、母源抗体的水平和猪群中猪繁殖呼吸综合征病毒（PRRSV）的感染情况。

大量研究已经证实了支原体疫苗带来的经济效益。对猪肺炎支原体菌苗诱导的免疫反应的分析已经证实，它能够降低肺炎的发生率、血清抗体的产生量，并且能够减少致炎细胞因子的数量。此外，已经证实了抗生素和疫苗联合使用的效应，该方法能有效降低与猪肺炎支原体感染相关临床疾病的发生，已经报道自然感染动物疫苗接种无效，并且已经调查了母源抗体对疫苗效应的影响。如果母源抗体水平很高，猪肺炎支原体的母源抗体就能够抑制疫苗的有效性。然而，猪肺炎支原体疫苗有效性降低的主要原因是在接种时或接种后不久猪繁殖呼吸综合征病毒（PRRSV）的感染。抗猪肺炎支原体疫苗能够降低猪繁殖呼吸综合征病毒（PRRSV）引起的肺炎和猪支原体肺炎的严重性；然而，猪繁殖呼吸综合征病毒（PRRSV）的存在（由感染或弱毒活疫苗的使用引起）能明显降低抗猪支原体肺炎的疫苗的有效性。目前抗猪支原体肺炎疫苗能有效降低与猪支原体肺炎相关的临床疾病的发生率，包括肺炎和咳嗽等；然而，它们并不能阻止病原菌在宿主体内的移行，此外，还研发出了一些新型疫苗，包括气雾剂和口服疫苗及一些亚单位疫苗。

二、猪链球菌病

猪链球菌病是由不同群的链球菌所引起的一种急性高热性传染

病，临床上以化脓性淋巴结炎、败血症、脑膜脑炎及关节炎为特征。本病的分布很广，发病率较高，败血症型和脑膜脑炎型的病死率较高，对养猪业的发展有较大的威胁。

1. 病原简介

链球菌的种类繁多，在自然界分布很广，有的有致病作用，有的则无。本菌为圆形或卵圆形球菌，直径0.5 ～ 1.0微米，呈单个、双个和短链排列，链的长短不一，短者仅由4 ～ 8个菌体组成，长者数十个甚至上百个，在液体培养物中可见长链排列。本菌革兰染色阳性，生长不良，而在加有血清或血液的培养基上生长良好。在含血的培养基上于菌落的周围形成α型（草绿色溶血）或β型（完全溶血）溶血环。前者称为草绿色链球菌，致病力较弱；后者叫做溶血性链球菌，致病力较强，常引起人和动物患多种疾病。本菌的致病因子主要有溶血毒素、红斑毒素、肽聚糖多糖复合物内毒素、透明质酸酶、蛋白酶、链激酶、DNA酶（有扩散感染作用）和NAD酶（有白细胞毒性）等。

链球菌的细胞壁中含有一种群特异性抗原"C"物质。应用这种抗原进行血清学分类，将其分为A、B、C、D、E、F等20个血清群，其中C群中的兽医链球菌可引起猪发生急性、亚急性败血症、脑膜炎、关节炎、心内膜炎、心包炎以及肺炎等；E群可引起猪颈部淋巴结脓肿、化脓性支气管炎、脑膜炎和关节炎等；D群偶尔可引起仔猪心内膜炎、脑膜炎、关节炎和肺炎等。

本菌对热和普通消毒药抵抗力不强，多数以60℃加热30分钟的灭菌法均可将之杀死，煮沸后则立即死亡。常用的消毒药如2%石炭酸、0.1%新洁尔灭、1%来苏尔等均可在3 ～ 5分钟将之杀死。

2. 流行病学

各种年龄的猪对本病都有易感性，但败血症型和脑膜脑炎型多见于仔猪，化脓性淋巴结炎型多见于中猪。病猪和病尸是主要的传染源，其次是病愈带菌猪和隐性感染猪。病猪与健康猪接触，或由病猪排泄物（尿、粪、唾液等）污染的饲料、饮水及物体均可引起猪只大批发病而造成流行。在自然情况下，本病多半通过呼吸道、消化道、受损的皮肤及黏膜感染，病原菌能很快通过黏膜和组织的屏障侵入淋巴道与血流，随即循血流播散全身。由于其在血液与组织中迅速地大量繁殖并产生毒素和酶类，如溶血毒素、透明质酸酶、蛋白酶等，引起机体发生菌血症和毒血症，故在感染几小时后即出现精神委顿、食欲减损、高热以及嗜睡、昏迷、痉挛和跛行等症状。最终可因防御屏障机构的瓦解和脑、脊髓、肝、肾、心等的结构破坏与功能紊乱而死亡。

本病潜伏期短，传播迅速，死亡率高。一年四季均可发病，但以夏秋季节发生最多。据报道，本病一般要在多种诱因作用下才能发生，如饲养管理不当、环境卫生不良、气候炎热干燥、冬季寒冷潮湿等。这些因素常使猪体的抵抗力降低，因而易使链球菌乘虚而入，引起发病。

3.临床症状

根据病猪的临床症状和病变发生的部位不同，可将本病分为以下4型。

（1）败血症型　本型的潜伏期短，一般为1～3天，长的可达6天。在流行初期常有最急性病例，往往头晚未见任何症状，次日已死亡；或者突然减食或停食，体温41.5～42℃上，精神委顿，呼吸迫促，腹下有紫红斑。这种病猪多在24小时内因败血症而迅速死亡。急性病例，常见精神沉郁，体温41℃左右，呈稽留热，减食或不食，喜饮水；眼结膜潮红，有出血斑，流泪或有脓性分泌物；鼻镜干燥，有浆液性、脓性鼻汁流出，呼吸迫促，浅表而快，间有咳嗽；颈部、耳郭、腹下及四肢下端的皮肤呈紫红色，并有出血点。个别病猪出现血尿、便秘和腹泻；有的还出现多发性关节炎症状。急性病例的病程稍长，多数病猪在2～4天内因治疗不及时或不当发生心力衰竭而死亡。

（2）脑膜脑炎型　病初体温升高，不食，便秘，有浆液性或黏液性鼻汁。继而出现神经症状，运动失调，转圈，空嚼，磨牙；当有人接近时或触及躯体时发出尖叫或抽搐，或突然倒地，口吐白沫，侧卧于地，四肢作游泳状运动，甚至昏迷不醒；有的病猪于死前常出现角弓反张等特殊症状。另外，部分病猪还伴发多发性关节炎。本型的病程多为1～2天，而发生关节炎病猪的病程则稍长，逐渐消瘦衰竭而死亡。

（3）关节炎型　多由前两型转移而来，或从发病起即呈现关节炎症状。表现一肢或几肢关节肿胀，疼痛，呆立，不愿走动，甚至卧地不起；运动时出现高度跛行（图6-25）至患肢瘫痪不能起立。本型的病程一般为2～3周，病猪多因体质衰竭而死亡。

图6-25　病猪跛行

（4）化脓性淋巴结炎（淋巴结脓肿）型　多发生于颌下淋巴结，其次是咽部和颈部淋巴结。受害淋巴结先出现小脓肿，逐渐增大，肿胀，坚实，有热有痛，可影响采食、咀嚼、吞咽和呼吸。病猪体温升高，食欲减退，嗜中性白细胞增多，有的咳嗽，流鼻液。脓肿成熟后，肿胀中央变软，皮肤坏死，自行破溃排脓，流出带绿色、黏稠、无臭味的脓液。此时全身病情好转，症状明显减轻。脓汁排净后，肉芽组织新生，逐渐康复。本病程3～5周，一般不引起死亡。

4.病理变化

与临床相对应的4型病变分述如下。

（1）败血症型　病尸营养良好或中等，尸僵完全，可视黏膜潮红，胸、腹下部和四肢内侧的皮肤可见紫红色的瘀血斑及暗红色的出血点。血液凝固不良或无明显异常。皮下脂肪染成红色，血管怒张，胸腹腔内有多量淡黄色微混浊液体，内有纤维素絮片，各内脏浆膜常被覆一层纤维素性炎性渗出物。

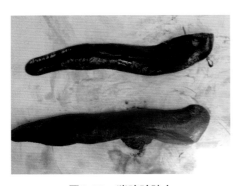

图6-26　猪脾脏肿大

全身淋巴结均有不同程度的肿大、充血、出血甚至坏死。尤以肝、脾、胃、肺等内脏淋巴结的病变最为明显。脾脏肿大或显著肿大，常达正常的 1～3 倍，质地柔软而呈紫红色或黑紫色（图6-26），膜多覆有纤维素，且常与相邻器官发生粘连；切面呈黑红色、有隆突，结构模糊。肺脏体积膨大、瘀血、水肿和出血，常见化脓性结节和脓肿。发生纤维素性胸膜炎的病例，肺胸膜附着有纤维素或与肋胸膜发生粘连。心扩张，心肌混浊，心外膜附有纤维素，心包腔内积有混有纤维素絮片的液体。肝脏肿大，暗红色，常在肝叶之间及其下缘有纤维素附着。肾脏稍肿大，被膜下与切面上可见出血小点。膀胱黏膜充血或见小点出血。胃底腺部黏膜显著充血、出血，黏膜附有多量黏液或纤维素性渗出物。小肠黏膜呈急性卡他性炎。

（2）脑膜脑炎型　剖检见大脑、小脑蛛网膜与软膜混浊且增厚，血管怒张。多数病例可见瘀斑、瘀点，脑沟变浅，脑回平坦，脑脊液增多。切面可见脑实质变软，毛细血管充血和出血，脑脊液增多，有时可检出细小的化脓灶。脊髓病变与大脑、小脑相同。镜检，脑脊髓的蛛网膜及软膜血管充血、出血与血栓形成。血管内皮细胞肿胀、增生、脱落，管壁疏松或发生纤维素样变，血管周围有以嗜中性白细胞为主的炎性细胞等浸润。脑膜因水肿和炎症细胞浸润而显著增厚。脑膜病变严重的病例，其灰质浅层有嗜中性白细胞散在，甚至可见白质中的小血管和毛细血管亦发生充血、出血，血管周围淋巴间隙扩张，并可见由嗜中性白细胞和单核细胞等围绕而呈现的"管套现象"。灰质中神经细胞呈急性肿胀、空泡变性和坏死等变化。胶质细胞呈弥漫性增生或灶性增生而形成胶质结节。间脑、中脑、小脑和延髓的病变与大脑基本一致。脊髓软膜病变与脑膜相同。

（3）关节炎型　眼观，关节肿大、变粗，发生浆液性纤维素性关节炎。关节腔中含有大量混浊的关节液，其中含有黄白色奶酪样块状物。关节囊膜充血，关节周围因增生而粗糙，关节软骨面有糜烂或溃疡，重者关节软骨坏死。关节周围组织有多发性化脓灶。

（4）化脓性淋巴结炎型　本型的病理剖检特征与临床所见基本相同，但受损的淋巴结位于深部或肿胀不大，又不破裂，生前往往不易被察觉，只有在屠宰检验或剖检时才被检出。剖检时常见下颌淋巴结肿大，伴发化脓性炎症或见小脓灶。

5.防治措施

（1）治疗　治疗时可按不同病型进行相应的治疗。

对淋巴结脓肿，待脓肿成熟后，及时切开，排除脓汁，用3%双氧水或0.1%高锰酸钾液冲洗创腔后，涂以抗生素或磺胺类软膏。

对败血症型、脑膜脑炎型及关节炎型，应尽早大剂量使用抗生素或磺胺类药物。青霉素每头每次40万～100万单位，每天肌内注射2～4次；氯霉素每千克体重10～30毫克，每日肌内注射2次；庆大霉素每千克体重1.2毫克，每日肌内注射2次；磺胺嘧啶钠注射液每千克体重用药0.07克，肌内注射。

民间验方对本病的治疗也有良好的作用。

处方一：野菊花100克、忍冬藤100克、紫花地丁50克、白毛夏枯草100克、七叶一枝花根25克，水煎服或拌于饲料中一次饲喂，每天一剂，连用3天。

处方二：射干、山豆根各15克，水煎后，加冰片0.15克，一次灌服。此方对发病初期的仔猪有明显的疗效。

处方三：一点红、蒲公英、犁头草、田基黄各50克，积雪草100克，加水浓煎，分早、晚两次服用，每天一剂，连用2～3天。桉叶注射液：用鲜桉叶2000克加水2000毫升，蒸馏成1000毫升，用药棉或多层纱布过滤除渣，分装消毒后备用。用量，小猪每次肌内注射5～10毫升，大猪每次肌内注射10～20毫升，每天2～3次，连用3天。

（2）预防

① 常规预防　主要做好免疫接种、定期消毒和加强管理。

实践证明，患链球菌病的猪自愈后可产生较强的免疫力，能够抵抗链球菌的再感染。因此，接种疫苗是预防本病的好方法。目前已有国产的猪链球菌灭活苗和弱毒苗出售，灭活苗每猪均皮下注射3～5毫升，保护率可达70%～100%，免疫期在6个月以上。弱毒冻干苗每猪皮下注射1毫升，保护率可达80%～100%。在流行季节前进行注射是预防本病暴发的有力措施。

平时应建立健全的消毒制度，定期应用1%来苏尔或0.1%新洁尔灭对圈舍和用具等进行消毒处理，对猪的粪便也应发酵和消毒处理，借以消灭散在的病原体。

保持圈舍清洁、干燥及通风，经常清除粪便、更换垫草，保持环境卫生。引进种猪时应隔离观察，确保健康时才可放入猪群。除去感染的诱因，猪圈和饲槽上的尖锐物体（如钉头、铁片、碎玻璃、尖石头等能引起外伤的物体）一律清除。新生的仔猪，应即行无菌结扎脐带，并用碘酒消毒。

② 紧急预防　当发现本病时应采取紧急预防措施。

当确诊为链球菌病后，应立即划定疫点、疫区，隔离病猪，封锁疫区，禁止猪只的流动，关闭市场，并及时将疫情上报主管部门和有关单位。

病猪隔离治疗，带菌母猪尽可能淘汰，污染的圈舍、用具和环境用3%来苏尔或1/300的菌毒敌彻底消毒；急宰猪或宰后发现可疑病变的猪屠体经高温处理后方可食用，而其他废弃物也应深埋或彻底消毒。

猪场发生本病后，如果暂时买不到菌苗，可用药物预防，以控制本病的发生，如每吨饲料中加入四环素125克，连喂4～6周。如能购到疫苗应及时按上述免疫方法进行免疫接种。

三、副猪嗜血杆菌病

副猪嗜血杆菌感染症是由副猪嗜血杆菌所引起的一种泛嗜性细

菌性传染病。它是 Glasser 于1910年首次进行报道的，故又有格拉塞尔氏病之称；还因本病多发生于运输疲劳或应激诱因存在之时，因此也有猪运输病之说。在临床和病理学上，病猪以多发性浆膜炎，即多发性关节炎、胸膜炎、心包炎、腹膜炎、脑膜炎和伴发肺炎为其特征。本病自 Glasser 报道以来，世界许多国家都先后发现有本病存在，且其发生有进一步扩大的趋势。我国在2003年也有发生本病的报道，因此，应引起高度重视。

1. 病原简介

本病的病原体为嗜血杆菌属的副猪嗜血杆菌。该菌为多形态的病原体，一般呈短小杆状菌，也有呈球形、杆状、短链或丝状等；无鞭毛，不形成芽孢，多无荚膜，但新分离的强毒株则带有荚膜；革兰染色呈阴性反应，亚甲基蓝染色呈两极浓染，着色不均匀状。本菌由于酶系不完备，其生长需要血中的生长因子，尤其是X因子及V因子，因此，在分离培养时，须供给加热的血液，故称之为嗜血菌。另外，猪嗜血杆菌和副流感嗜血杆菌也可能与本病的发生有关。

本病对外环境的抵抗力不强，在干燥情况下易死亡，易被常用的消毒剂及较低温度的热力所杀灭，一般60℃ 5～20分钟内即死亡，在4℃下通常只能存活7～10天。本病对结晶紫、杆菌肽林肯霉素和壮观霉素等有一定的抵抗力；但对磺胺类药物、阿莫西林、阿米卡星、卡那霉素和青霉素等敏感。

2. 流行病学

本病以30～60千克的仔猪和架子猪的感受性较强，成年猪多呈隐性感染或仅见轻微的临床症状。本病的主要传染源为病猪、临床康复的猪和隐性感染猪，主要的传播途径是呼吸道和消化道，即病菌通过飞沫随呼吸而进入健康仔猪的体内，或通过污染饲料和饮水而经消化道侵入体内，在机体抵抗力降低的情况下，繁殖、产毒和致病。另外，本菌还可通过创伤而侵害皮肤引起皮肤的炎症和坏死。据研究，本病的发生常与长途运输、疲劳和其他应激因素等有关。本病虽然四季均可发生，但以早春和深秋天气变化比较大的时候发生，还可继发于猪的一些呼吸道及胃肠道疾病。

3.临床症状

急性病猪体温升高，可达41℃左右，精神沉郁，身体颤抖，呼吸困难，全身瘀血，皮肤发绀，常于发病后的2～3天死亡。多数病呈亚急性或慢性经过。患猪精神沉郁、食欲不振、中度发热（39.6～40℃）、呼吸浅表，病猪常呈犬卧样姿势喘息，四肢末端及耳尖发紫。有的病猪出现严重跛行症状，常以足尖站立并以短步、拖曳步态走路。一些猪关节肿大、疼痛和腱鞘水肿，过急性期的可发生慢性关节炎（图6-27）。某些猪由于发生脑膜炎而表现肌肉震颤、麻痹和惊厥，有些因腹膜粘连而常引起肠梗阻。当病菌经皮肤的创伤侵入或随血液侵及皮肤时，则可引起局部的皮肤发炎或坏死，累及耳朵时，可导致耳壳坏死。

图6-27　肿大的病猪关节

4.病理变化

死于本病的猪，体表常有大面积的瘀血和瘀斑，病情严重的病猪在全身性瘀血的基础上，四肢末端、耳朵和胸背部的皮肤呈蓝紫色。患猪的特征性病变为全身性浆膜炎，即见有浆液性纤维素性胸膜炎、心包炎、腹膜炎、脑膜炎和关节炎。但由于个体不同，上述病变不一定全部表现出来，其中以心包炎和胸膜肺炎的发生率最高。此时，胸腔液增多、混浊，内含大量蛋白、脱落的胸膜间皮和渗出的炎性细胞。心包腔中的包液也明显增多，初期呈淡黄色，较透明；继之混浊并带有纤维蛋白凝块，甚至混有红细胞而呈淡红色。当渗出的纤维素在心外膜凝集时，则在心外膜形成一层灰白色的绒毛（图6-28）。渗出的纤维蛋白和绒毛被机化时，则可发生心包粘连。胸腔中渗出液中的纤维蛋白常在胸膜表面和心外膜上析出，形成一层纤维素性假膜，继之可机化并发生粘连。肺脏瘀血、水肿，表面常被覆薄层纤维蛋白膜，并常与胸壁发生粘连。关节炎表现为关节周围组织发炎和水肿，关节囊肿大，关节液增多、混浊，内含黄绿色的纤维素性化脓性渗出物。发生纤维素性化脓性脑膜炎时，见蛛网膜腔内蓄积有纤维素性化脓性渗出物而致脑髓液变得混浊。脑软膜充血、瘀血和轻度出血，脑回变得扁平；镜检，脑膜血管扩张、充血并有出血性变化，脑膜内有大量嗜中性白细胞浸润，多呈化脓性炎症变化。其他眼观病变表现为肺、肝、脾、肾充血与局灶性出血和淋巴结肿胀等。

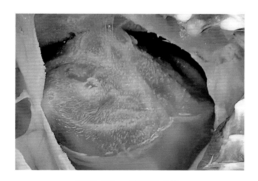

图6-28 "绒毛心"

5.防控措施

（1）治疗 据研究，本病的病原体对磺胺类药物比较敏感，因此，磺胺嘧啶、磺胺甲氧嘧啶和磺胺甲氧异恶唑等是常被选用的治疗药物。2003年，有人报道，用自家血清治疗本病有较好的效果。自家血清的制备：用自制疫苗按免疫程序免疫育肥猪，1周后再注射10毫升；或用已康复的病猪，屠宰时无菌采集血液，分离血清并灭活细胞，病毒脱毒处理，再做无菌检验和动物试验，合格后置4℃或–20℃保存备用。

使用方法：1月龄的仔猪每头肌内注射自家血清15毫升，1周后再注射25毫升，必要时进行第三次注射，并在血清中加入长效缓释抗生素，大多可取得较好的疗效。其他较大的仔猪，可适当增加血清的用量。

（2）预防 本病目前尚无有效的疫苗，因此，对本病的控制和预防，主要是加强饲养管理，尽量消除或减少各种发病诱因，如减少运输等应激因素，避免猪被引进后的环境变化，特别是冬季引入时易发生的呼吸道疾病的预防等。对已感染的猪群，可用血清学方法及时检出，并坚决淘汰抗体阳性的猪，借以净化猪场。过去认为，在饲料中加入一些对病菌敏感的药物（如抗生素和磺胺类药物等），可治疗或预防本病的发生。但近年来，美国、加拿大、澳大利亚和日本等国的抗药性研究表明，长时间用药可产生耐药性，故应引起充分的重视。

据报道，自制疫苗对本病的预防也有较好的效果。自制疫苗的方法是：采集病猪的淋巴结和脾脏，去结缔组织后捣碎，多层纱布过滤，甲醛灭活48小时；并以白油佐剂制备油苗，以动物试验和无菌检验合格，4℃保存备用。使用方法及用量：15日龄的乳猪每头1毫升；35日龄仔猪每头2毫升；母猪配种前15天，每头3毫升，均予以颈深部肌内注射。

四、猪传染性胸膜肺炎

本病又称猪副溶血嗜血杆菌病或猪嗜血杆菌胸膜肺炎，是一种呼吸道传染病，以呈现肺炎和胸膜炎症状和病变为特征。本病自1957年发现以来，已在世界广泛流行，且有逐年增长的趋势。

随着集约化养猪业的发展，本病对养猪业的危害越显严重。近年来，本病被国际公认为是危害现代养猪业的重要传染病。

1.病原简介

本病的病原体以前称为胸膜肺炎嗜血杆菌，因其与林氏放线杆菌的DNA具有同源性，故于1983年将之列入放线杆菌属，称为胸膜肺炎放线杆菌。本菌为革兰阴性小杆菌，具有典型的球杆形态，能产生荚膜，但不形成芽孢，无运动性。本菌的特性是在血液琼脂上具有溶血的能力。

据报道，本菌有12个血清型，其中第五血清型分为5A和5B两个亚型，血清型的特异性主要取决于荚膜多糖和菌体的脂多糖。本菌的抵抗力不强，一般常用的消毒药均可将之杀灭。

2.流行病学

不同年龄的猪均有易感性，但以3～5月龄的猪最易感。病猪和带菌猪是本病的传染源，而无症状有病变猪或无症状无病变隐性带菌猪较为常见。胸膜肺炎放线杆菌对猪具有高度宿主特异性，急性感染时不仅可在肺部病变和血液中检出，而且在鼻漏中也大量存在。因此本病的主要传播途径是呼吸道。病原通过飞沫传播，在大群集约饲养的条件下最易接触感染。

据报道，当本病急性暴发时，常可见到感染从一个猪舍跳跃到另一个猪舍。这说明较远距离的气溶胶传播或通过猪场工作人员造成的污染之间接触性传播也能起重要的作用，猪群之间的传播主要是因引入带菌猪或慢性感染的病猪；饲养环境不良，管理不当可促进本病的发生与传播，并使发病率和死亡率升高。据调查，初次发病猪群的发病率和病死率均较高，经过一段时间，逐渐趋向缓和，发病率和病死率显著减少。因此，本病的发病率和死亡率有很大差异，发病率通常为8.5%～100%，病死率为0.4%～100%。当卫生环境不好和气候不良时，也可促进本病的发生。

3.临床症状

本病的潜伏期依菌株的毒力和感染量而定，通常人工接种感染的潜伏期为1～12小时，自然感染的快者为1～2天，慢者为1～7天。死亡率随毒力和环境而有差异，但一般较高。

根据病猪的临床经过不同，一般可将之分为最急性型、急性型、亚急性型和慢性型4种。

（1）最急性型　一只或几只仔猪突然发病，体温高达41.5℃以上，精神极度沉郁，食欲废绝，并有短期的下痢与呕吐。病初循环障碍表现得较为明显，病猪的耳、鼻、腿和体侧皮肤发绀；继之，出现严重的呼吸障碍。病猪呼吸困难，张口喘息，常站立不安或呈现犬卧姿势；临死前从口鼻流出泡沫样带血色的分泌物，一般于发病24～36小时内死亡。也有的猪因突发败血症，无任何先兆而急速死亡。

（2）急性型　有较多的猪只同时受侵。病猪体温升高，精神不振，食欲减退，有明显的呼吸困难、咳嗽、张口呼吸等较严重的呼吸障碍症状。病猪多卧地不起，常呈犬卧或犬坐姿势，全身皮肤瘀血呈暗红色；有的病猪还从鼻孔中流出大量血样分泌物（图6-29），污染鼻孔及口部周围的皮肤。如及时治疗，则症状较快缓和，如能度过4天以上，则可逐渐康复或转为慢性。此时病猪体温不高，发生间歇性咳嗽，生长迟缓。

图6-29　鼻腔流出血样物质

（3）亚急性和慢性型　很多猪开始即呈亚急性型或慢性经过。病猪的症状轻微，低热或不发热，有程度不等的间歇性咳嗽，食欲不良，生长缓慢；并常因其他微生物（如肺炎支原体、巴氏杆菌等）的继发感染而使呼吸障碍表现明显。

4.病理变化

死于本病的病猪，全身多瘀血而呈暗红色，或有大面积的瘀斑形成。本病的特征性病变主要局限于呼吸器官。

（1）最急性型　眼观患猪流有血样鼻液，气管和支气管腔内充满泡沫样血色黏液性分泌物。肺炎病变多发生于肺的前下部，而不规则的周界清晰的出血性实变区或坏死灶则常见于肺的后上部，特别是靠近肺门的主支气管周围。肺泡和肺间质水肿，淋巴管扩张，肺充血、出血和血管内纤维素性血栓形成（图6-30）。

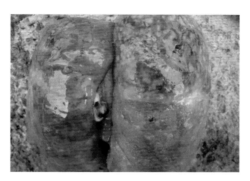

图6-30　肿大的肺脏

（2）急性型　肺炎多为两侧性。常发生于心叶、尖叶及膈叶的一部分。病灶的界限清晰，肺炎区有呈紫红色的红色肝变区和灰白色灰色肝变区；切面见大理石样的花纹，间质充满血色胶冻样液体。胸膜和肺炎区表面有纤维素性渗出物附着，胸腔有混浊的血色液体。

（3）亚急性型　肺脏可能发现大的干酪性病灶或含有坏死碎屑的空洞。由于继发细菌感染，致使肺炎病灶转变为脓肿；此时，在病猪的气管内常见大量的黄白色化脓性纤维素性假膜。肺表面被覆的纤维素性渗出物被机化后常与肋胸膜发生纤维素性粘连。病程较长的慢性病例，常于膈叶可见到大小不等的结节，其周围有较厚的结缔组织包绕，肺的表面多与胸壁粘连。

5.防控措施

（1）治疗　通常情况下，胸膜肺炎放线杆菌在体外对青霉素、氨苄青霉素、头孢菌素、氯霉素、黏菌素、磺胺药物、甲氧长氨嘧啶和磺胺药敏感，低浓度的庆大霉素就可以对其产生抑制（即低抑制浓度MC），链霉素、卡那霉素、奇霉素、螺旋霉素和洁霉素具有较高的MC值。尽管胸膜肺炎放线杆菌对内酰胺类抗生素（青霉素、氨苄青霉素、羟氨苄青霉素）的敏感性很高，但是来自于美国和其他国家的散发数据显示，有相当的细菌会对这些抗生素产生抗性，尤其是血清型1、3、5、7常会产生抗性。对抗生素的首要选择是应该有最低的MC，因此，β内酰胺（主要是青霉素和头孢菌素）氯霉素和甲氧苄氨嘧啶及磺胺药的活性最好。实验显示对苯二酚或半合成的头孢菌素钠尤其有效，实验结果显示，硫姆林和洁霉素和奇霉素的联合效果也较好，替米考星也很有效，在疾病感染的最初阶段用抗生素疗法对临床上感染的动物治疗是有效的，并且可以降低死亡率，延误治疗引起的损伤可以导致一定程度的梗死，并且可以引起已恢复期动物发生慢性呼吸道感染。经非肠道注射抗生素时（皮下或肌内注射）剂量要高，因为此时的感染动物采食和饮水废绝，为了确保有效的和持久的血药浓度，需要进行再次注射抗生素，这主要取决于抗生素的特性。成功的治疗主要取决于早期的临床症状的观察和快速的治疗方案，饮水疗法可以治疗那些还可以饮水的感染动物，当所有猪的饲料和饮水吸收正常时，可以采用饲料中拌抗生素的方法进行治疗。由于空气引起的感染动物可以采用饲料和饮水中加入抗生素的疗法，最近暴发本病的畜群是通过非肠道和经口给药也取得了很好的效果。尽管在临床上明显地成功了，但是仍然要使用抗生素疗法来消除感染。肺脓肿的慢性感染或扁桃体带菌者都是其他动物感染的主要传染源，严重感染的动物即使经过很好的治疗和护理也很难恢复并且最终都要被处死。

（2）预防　有许多不同的方法可以预防和控制胸膜肺炎，没有此病的农场应该采用一种政策，即采用精子或胚胎产生新的基因。可以通过血清学方法对引进的动物进行检测，许多无特定病原畜群不携带胸膜肺炎放线杆菌的所有血清型，这在动物引进方面提供了一种方法。若一个农场感染了该病，则很难根除这种病原，尽管猪群在临床上看起来很正常。实施控制程序时需重视胸膜肺炎的流行特点，首先应控制经济损失（致死率、临床或亚临床疾病），然后再考虑控制或消除该病，通过治疗可以控制致死率，感染动物可以选用抗微生物药治疗。在发病早期，可以把动物圈养在空气干净的环境中，并且在屠宰前应隔离饲养。若上述措施不能实现时，可以通过控制环境因素，如温度和通风换气，并在围栏之间使用隔离物，这样可以减少该病的继续发展并降低严重性。可以对发病动物持续用药，但时间不能太长。需要持续检测抗生素对该病的敏感性。在危险期应进行药物治疗，还可以进行常规的尸体检查，临床检查和畜群抗体水平检查。控制呼吸道疾病的常规方法，如育肥期实行全进全出制度，断奶早期隔离，隔离在较宽敞的地方，这些都可以降低感染的危险性。应该饲养没有感染的动物以避免引进新的血清型或新的抗药性疾病。慢性感染畜群中购买的血清学阴性的动物要在引进新品种前进行疫苗接种。此病的疫苗发展很快，主要分为灭活疫苗和亚单位疫苗两类。灭活疫苗是血清特异性的，交叉血清反应可能会出现交叉免疫反应。在一个地区保护性可以延伸到所有的血清型。所用佐剂的类型可以影响疫苗的效果，对食用猪使用疫苗时要多加注意。因为一些疫苗可以在注射部位产生肉芽肿损伤。

有许多不同的方法，但主要使用的是血清学检测方法，主要是在产仔猪前和2周龄断奶猪与潜在有感染的畜群进行严格隔离，这些仔猪在12周龄时血清学达到阴性，此时把这些仔猪放回原群。血清学阳性的猪要淘汰直至全部畜群的血清学检测都是阴性，此计划需执行6～12个月，在淘汰程序中，全部的畜群要使用药物以保护其不再受感染，例如在饲料中加入碳胺甲基异恶唑（甲氧苄氨嘧啶+磺胺甲恶唑，以1∶20比例，按250毫克/千克饲料）。一些报道称，在执行这样的淘汰计划时获得了一定的成功，但也有失败。另外，此方法成功的结果主要是基于血清学检查，低敏感性的检测就不能淘汰所有的带菌母猪，特异性低的检测方法就会把健康的不带菌动物淘汰掉，这样就会明显增加该计划的花费。已经证实了一种成功的淘汰计划，即淘汰胸膜肺炎放线杆菌某特定的血清型并建议使用替米考星，然而，已证实替米考星也不能完全消除带菌动物的病原。

参 考 文 献

[1] Barbara E. Straw，Jeffery J. Zimmerman，Sylvie D'Allaire，et al. 猪病学 [M]. 9 版 . 赵德明，张仲秋，沈建忠主译 . 北京：中国农业大学出版社，2008.

[2] 芦惟本 . 跟芦老师看猪病 [M]. 北京：中国农业出版社，2009.

[3] 宣长和，徐春厚，孙富先 . 当代猪病诊疗图说 [M]. 北京：科技文献出版社，2004.

[4] 徐有生 . 科学养猪与猪病防治图谱 [M]. 北京：中国农业出版社，2009.

[5] 徐有生 . 猪病理剖检实录 [M]. 北京：中国农业出版社，2010.

[6] 62 例疑难猪病诊治 . 猪场动力网 .